"特色经济林丰产栽培技术"丛书

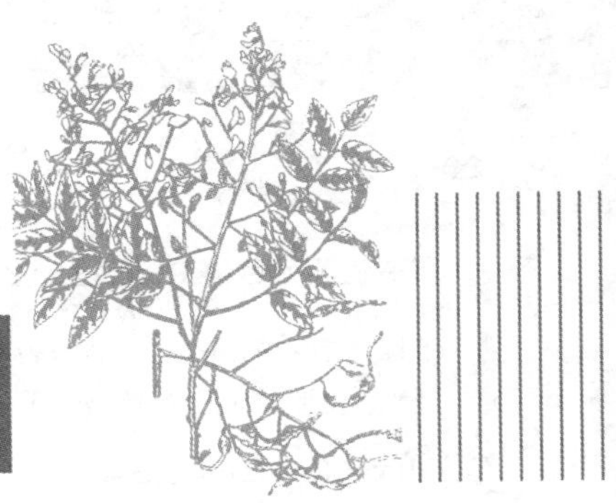

米 槐

任满田 ◎ 主编

中国林业出版社

内容提要

以国槐(槐树)作砧木嫁接米槐新品种生产槐米，可作为经济树种栽培的树木称为米槐经济林。槐米是我国传统的大宗药材和食品保健及化工原料，具有广阔的开发前景。该书系统介绍了米槐经济林优良品种特性、育苗、建园、园地管理、整形修剪、有害生物防治、槐米采收及加工等内容。其内容丰富，言简意明，通俗易懂，实用性强，适合广大基层林农、药农及科技推广人员阅读参考。

图书在版编目(CIP)数据

米槐/任满田主编. —北京：中国林业出版社，2020.6
(特色经济林丰产栽培技术)

ISBN 978-7-5219-0585-4

Ⅰ.①米… Ⅱ.①任… Ⅲ.①槐树-栽培技术 Ⅳ.①S792.26

中国版本图书馆 CIP 数据核字(2020)第 085022 号

责任编辑：李敏　王越

出版发行　中国林业出版社(100009　北京市西城区德胜门内大街刘海胡同 7 号)
　　　　　电话：(010)83143575　http://www.forestry.gov.cn/lycb.html
印　　刷　河北京平诚乾印刷有限公司
版　　次　2020 年 10 月第 1 版
印　　次　2020 年 10 月第 1 次
开　　本　880mm×1230mm　1/32
印　　张　2.75
彩　　插　4 面
字　　数　82 千字
定　　价　29.00 元

“特色经济林丰产栽培技术”丛书

编辑委员会

《特色经济林丰产栽培技术——米槐》
编委会

主　　编： 任满田

编写人员： 任满田　雷茂端　翟庆云　李启宽
苗振旺　米建梅　刘富堂　高晋东
白　燕　黄　鑫　张素华　梁爱军
田建华　史　鹏　刘英翠　武秀娟
王小林　贺　晶　高万敏　郭瑞珍
杜国良　杨　荣　雷迎波　南朝蓬
卫志勇

序

党的十八大以来，习近平总书记围绕生态文明建设提出了一系列新理念、新思想、新战略，突出强调绿水青山既是自然财富、生态财富，又是社会财富、经济财富。当前，良好生态环境已成为人民群众最强烈的需求，绿色林产品已成为消费市场最青睐的产品。在保护修复好绿水青山的同时，大力发展绿色富民产业，创造更多的生态资本和绿色财富，生产更多的生态产品和优质林产品，已经成为新时代推进林草工作重要使命和艰巨任务，必须全面保护绿水青山，积极培育绿水青山，科学利用绿水青山，更多打造金山银山，更好实现生态美百姓富的有机统一。

经过 70 年的发展，山西林草经济在山西省委省政府的高度重视和大力推动下，层次不断升级、机构持续优化、规模节节攀升，逐步形成了以经济林为支柱、种苗花卉为主导、森林旅游康养为突破、林下经济为补充的绿色产业体系，为促进经济转型发展、助力脱贫攻坚、服务全面建成小康社会培育了新业态，提供了新引擎。特别是在经济林产业发展上，充分发挥山西省经济林树种区域特色鲜明、种质资源丰富、产品种类多的独特优势，深入挖掘产业链条长、应用范围广、市场前景好的行业优势，大力发展红枣、核桃、仁用杏、花椒、柿子“五大传统”经济林，积极培育推广双季槐、皂荚、连翘、沙棘等新型特色经济林。山西省现有经济林面积 1900 多万亩，组建 8816 个林业新型经营主体，走过了 20 世纪六七十年代房前屋后零星种植、八九十年代成片成带栽培、21 世纪基地化产业化专业化的跨越发展历程，林草生态优势正在转变为发展优势、产业优势、经济优势、扶贫优势，成为推进林草事业实现高质量发展不可或缺的力量，承载着贫困地区、边远山区、广大林区群众增收致富的梦想，让群众得到了看得见、摸得着的获得感。

随着党和国家机构改革的全面推进，山西林草事业步入了承前启后、继往开来、守正创新、勇于开拓的新时代，赋予经济林发展更加艰巨的使命担当。山西省委省政府立足践行“绿水青山就是金山银山”的理念，要求全省林草系统坚持“绿化彩化财化”同步推进，增绿增收增效协调联动，充分挖掘林业富民潜力，立足构建全产业链推进林业强链补环，培育壮大新兴业态，精准实施生态扶贫项目，构建有利于农民群众全过程全链条参与生态建设和林业发展的体制机制，在让三晋大地美起来的同时，让绿色产业火起来、农民群众富起来，这为山西省特色经济林产业发展指明了方向。聚焦新时代，展现新作为。当前和今后经济林产业发展要走集约式、内涵式的发展路子，靠优良种源提升品质、靠管理提升效益、靠科技实现崛起、靠文化塑造品牌、靠市场打出一片新天地，重点要按照全产业链开发、全价值链提升、全政策链扶持的思路，以拳头产品为内核，以骨干企业为龙头，以园区建设为载体，以标准和品牌为引领，变一家一户的小农家庭单一经营为面向大市场发展的规模经营，实现由“挎篮叫买”向“产业集群”转变，推动林草产品加工往深里去、往精里做、往细里走，以优品质、大品牌、高品位发挥林草资源的经济优势。

正值全省上下深入贯彻落实党的十九届四中全会精神，全面提升林草系统治理体系和治理能力现代化水平的关键时期，山西省林业科技发展中心组织经济林技术团队编写了“特色经济林丰产栽培技术”丛书。文山同志将文稿送到我手中，我看了之后，感到沉甸甸的，既倾注了心血，也凝聚了感情。红枣、核桃、杜仲、扁桃、连翘、山楂、米槐、皂荚、花椒、杏10个树种，以实现经济林达产达效为主线，围绕树种属性、育苗管理、经营培育、病虫害防治、圃园建设，聚焦管理技术难点重点，集成组装了各类丰产增收实用方法，分树种、分层级、分类型依次展开，既有引导大力发展的方向性，也有杜绝随意栽植的限制性，既擘画出全省经济林发展的规划布局，也为群众日常管理编制了一张科学适用的生产图谱。文山同志告诉我，这套丛书是在把生产实际中的问题搞清楚、把群众的期望需求弄明白之后，经过反复研究修改，数次整体重构，经过去粗取精、由表及里的深入思考和分析，历经两年才最终成稿。我们开展任何工作必须牢固树立以人民为中心的思想，多做一些打基础、利长远的好事情，真正把群众期盼的事情办好，这也是我感到文稿沉甸甸的根本原因。

科技工作改善的是生态、服务的是民生、赋予的是理念、破解的是难题、提升的是水平。文稿付印之际，衷心期待山西省林草系统有更多这样接地气、有分量的研究成果不断问世，把经济林产业这一关系到全省经济转型的社会工程，关系到林草事业又好又快发展的基础工程，关系到广大林农切身利益的惠民工程，切实抓紧抓好抓出成效，用科技支撑一方生态、繁荣一方经济、推进一方发展。

2019年12月

前　言

槐米主要生产于河北省、山东省、河南省、安徽省、山西省和广西壮族自治区等10多个省份。成规模生产的主要是山西省、广西壮族自治区和山东省等。高产槐米的米槐优良品种的开发利用是从2007年开始的，在山西省运城市盐湖区、稷山县、夏县和临汾市尧都区等地，建立圃地嫁接繁育良种苗木100多万株，营造米槐经济林丰产园1333公顷，高接改造国槐低效林（退耕还林地）3333公顷，每年创造产值1.5亿元。运城市盐湖区三路里镇沟东村，属米槐优良品种选育繁育基地，也是米槐经济林发展最早的村，到2011年年底，栽植建园发展米槐经济林40公顷，嫁接改造国槐林成为米槐经济林113公顷，2011年人均槐米销售收入达到5000元。三路里镇1株12年生国槐，2009年采取多头高接嫁接改造为‘双季米槐1号（82号）’，2011年槐米产量20千克/株，售价30元/千克，收入600元。在稷山县上廉村，2003年以后退耕还林营造的国槐林93公顷，经过嫁接改造为米槐经济林后，5年内槐米产量33.6万千克，收入826万元，受益的农民把米槐经济林看作摇钱树，利用冬季农闲季节购置鸡粪给米槐经济林施基肥，进行冬季修剪。

经过多年的区域试验、观测和生产推广应用证明，米槐经济林具有产量高、结实早、品质优、抗性强等特点。培育的米槐优良品种具有树势健壮、枝叶茂盛、发枝力强，每个母枝抽生结米枝2个以上，结米株率60%以上。米穗数量多而大，米粒饱满，色泽纯正，大小年差异不明显或年产量变化不超过15%。每平方米树冠投影面积产量100克以上。当年嫁接，第二年结米株率60%，第三年结米株率100%。实生苗定植后3~5年即开花结米，10年后进入结米盛期。嫁接苗在嫁接后2~3年即开花结米，5年后进入结米盛期，比国槐提前结米5年以上，结米树龄长。适宜在干旱缺水的条件下栽培，其抗逆性、抗病性同国槐。花期抗晚霜、耐低温。可以作为我国干旱丘陵区优良经济林树种大力发展。对促进农民增收、农村富裕、脱贫致富、农业发展具有十分重大的意义。

槐米是我国传统的大宗药材和食品保健及化工原料，具有广阔的开发利用前景。槐米中芦丁含量高达20%左右，比国槐槐米中芦丁含量高5%。还含有丰富的芸香苷、槲皮素等，具有降压、抗炎、抗溃疡、降血脂、抑病毒等多种作用。临床中常用于治疗高血压、冠心病、脑溢血、抗辐射等。槐米含有19种氨基酸，总量达到14.21克/100克，其中人体中必需的氨基酸全部含有，总含量高达4950毫克/100克。基于槐米的药用价值和营养保健功能，槐米的食品加工正在引起人们的关注。

本书共分八章。

第一章重点介绍了米槐经济林概述：优良品种(包括优良品种选育和无性系测定)、优良品种特性(包括两季结米、形态特征、生物学特性、栽培区划)等内容。

第二章着重介绍了米槐育苗技术：砧木圃建立(包括圃地准备、种子采集、播期与种子处理、播种、苗期管理等)、采穗圃建立(包括圃地选择、定植、圃地管理、整形修剪等)、嫁接育苗(嫁接、接穗处理、接穗保存、嫁接部位、嫁接时期和方法、嫁接后管理、嫁接方法与成活、苗木分级与出圃）等内容。

第三章着重介绍了米槐经济林建园技术：园地选择、园地规划和植苗建园技术（包括密度、行向配置、整地与施肥、栽植时间与方法、苗木处理、栽后补植、苗木质量）等内容。

第四章重点介绍了米槐经济林园地土肥水管理技术：幼树期土肥水管理（包括定干修剪、修筑保护带、中耕除草、有害生物防治等）、盛产期田间管理（包括清园涂白、深翻树盘、施基肥、间作作物、追肥、松土除草、浇水、有害生物防治等）、高接改造建园技术（包括改造对象、嫁接技术、高接改造技术等）、不同方法建园槐米产量等内容。

第五章重点介绍了米槐经济林整形修剪技术：主要树形及特点（包括小冠疏层形、多主枝开心形、修剪特点等）、修剪时间和方法（包括第一年冬季修剪、第二年夏季修剪、第二年冬季修剪、第三年冬季修剪、第四至六年冬季修剪等）、主要骨干枝的修剪与培养（骨干枝短截、营养枝修剪、枝组培养）、整形修剪技术（刻芽、短截、营养枝组、结米枝组、修剪季节等）内容。

第六章介绍了米槐经济林有害生物防治技术：主要病害及防治技术（包括国槐腐烂病、国槐带化病）、主要虫害及防治技术（包括槐蚜、槐尺蠖、锈色粒肩天牛）和其他不良现象控制（包括干尖现象、预防和排除积水）等内容。

第七章介绍了槐米采收、加工和贮藏：槐米采收（包括采收时间、采收方法、采米技术）、不同类型建园方法与产量（包括不同立地类型与槐米产量、不同建园方法与槐米产量、不同树形与槐米产量）、槐米加工（包括自然制干、人工烘干、机械制干）、槐米包装、储藏与质量要求(包括包装和储藏、品质要求)等内容。

第八章主要介绍了槐米药用价值及市场：槐米药用及保健作用、槐米黄酮含量、土壤因子与槐米黄酮含量和槐米市场等内容。

本书言简意明，内容丰富，通俗易懂，图文清晰；并在优良品种部分嵌入二维码，通过手机扫描更直观看到原色图片。科学性、实用性、针对性、可读性强，适合于基层广大农林科技推广人员阅读。在编写过程中得到了许多科技工作者和单位的大力支持和帮助，参阅了许多单位和科技工作者的调查报告、文件、业务总结、标准等资料，在此表示感谢。

由于我们水平所限，编写时间仓促，本书不足之处，敬请读者批评指正。

任满田

2019 年 10 月

目　录

第一章 米槐经济林概述

国槐，学名 *Sophora japonica*，属蝶形花科（豆科）槐属，又名紫槐、家槐、豆槐、白槐、黑槐（山东省）、豆槐（湖南省）、细叶槐（江西省）、金药槐（广东省）等。原产我国，文献记载追溯到2000多年以前，在《山海经》中有“首山其木多槐，条谷之山，其木多槐”的记载，其后的《本草图经》记载：“槐，今处处有之。”在全国各地，特别是北方地区的北京市、山东省、山西省、陕西省、河南省和甘肃省存留有千年的古槐树。在我国古代，国槐是宫中必栽之树，又有“宫槐”之称。汉朝时，称皇帝宫殿为“槐宸”，京城长安的大道两侧尽植槐树，称槐路。行道树改用槐树，一直持续到唐宋。所以，现在不少地方留存的古树多为唐宋年间所栽。在现存的名木古树中，古槐树十分常见。在山西省古槐居古老树木之首。山西省约有千年以上的古槐400多株。保留的有周槐、汉槐、隋槐、唐槐、宋槐，尤以唐槐数量最多，据年代推算，北宋以前的古槐均在千年以上。中阳县庞家会村的古槐，据传春秋战国时期的名将庞涓在此树上拴过马，此树年龄在2500年左右。如今山西省各地均分布有槐树。在全省北起应县，南到芮城县的87个县（市、区）有栽培，以太原市、长治市和晋中市分布最为集中。栽培的变种有龙爪槐、紫花槐、五叶槐等。

国槐属落叶乔木，高达25米，树冠呈圆形，枝叶生长茂密，冠大荫浓，少有病虫害，为著名的园林绿化树种。干皮暗灰色，老树皮呈灰黑色纵裂，幼枝呈绿色光滑，皮孔明显，芽被青紫色毛，叶为互生奇数羽状复叶，小叶7~17枚，卵形至卵状披针形，长2.5~5厘米，叶端尖，叶基圆形至广楔形，叶背有白粉及柔毛。春季发芽期迟，秋季落叶较晚，花两性，浅黄白色，顶生，蝶形，花在花枝上排成圆锥花序，7~8月开花，11月果实成熟，荚果肉质，串珠状，长2~8厘米，成熟后干涸不开裂，也不脱落，常见挂树梢，经冬不落。种子千粒重为125克，8000粒/千克左右，发芽率70%~85%。种子干藏发芽力可保持2~3年以上。

国槐是我国最重要的园林绿化树种。基于其抗瘠薄，根系深，固土力强，种子育苗容易，造林易成活，在丘陵、中低山区、道路、四旁、庭院、庙宇广为栽植。喜光，为阳性树种，生长速度中等，耐寒，略耐阴，喜干冷气候，抗旱，深根，对土壤要求不严，较耐瘠薄等特性。在石灰性、酸性及轻盐碱土(含盐量0.15%左右)上均可正常生长。在土壤低洼积水处生长不良，甚至落叶死亡。在湿润、肥沃、深厚、排水良好的沙质土壤上生长最佳。对二氧化硫、氯气、氯化氢及烟尘等抗性也较强。萌芽力很强，耐移植，耐强修剪，对城市环境适应能力强，寿命长，树冠广阔，枝叶茂密，遮阴效果好，是北方城市园林绿化良好的主栽树种。

国槐既是一个优良的园林绿化观赏树种，也是荒山绿化树种。在国槐中选育出的已作为园林绿化栽培的有龙爪槐、紫花槐、五叶槐等，均是国槐的变种。以国槐作砧木嫁接米槐新品种生产大量槐米，可作为经济树种栽培的树木称之为米槐经济林。

20世纪80年代，运城市盐湖区三路里镇沟东村村民雷茂端，面对该村苹果树受当地土地干旱、瘠薄、根腐病等自然灾害的影响，产量及果农收入急剧下降的现实。意识到苹果在本地不宜发展，急需找出一个适宜的替代树种，既能够抗根腐病、抗瘠薄、抗旱，又能够像果树一样结果的经济树种。他认为国槐既有抗寒、抗旱、抗病等特性，其槐米又是很好的化工、医药原料，决定选用国槐作为替代品种。但传统国槐结米迟，产米量低，见效慢。如果能够在国槐中选出高产槐米的国槐，就能够解决这个问题。从1985年开始，

由运城市林业局、山西省林业技术推广总站等单位，专门组织雷茂端及有关工程技术人员，开展了国槐新品种选育研究工作。经过20多年的不懈努力，走遍了10余个省份，从近10万株的国槐树中选出了结米量高的单株200余株。在全省各林业部门的通力合作下，完成了初选、复选、决选，最后选出了7个国槐优良单系。他们之间在形态特征、物候表现等主要性状上存在一定的差别，有些指标如槐米产量指标达到了差异极其显著。以产槐米量高为主要指标，把这一类国槐优良单系统称为米槐。选育出的3个米槐优良品种，定名为‘双季米槐1号(82号)’‘单季米槐8号’和‘单季米槐21号’。2012年通过了山西省科学技术厅组织的专家成果鉴定，已被列入国家级和山西省级重点林业科技推广的经济林树种。

一、优良品种

(一)优良品种选育

无性系育种的实质是通过无性系繁殖手段，以实现对自然变异和人工创造的可遗传变异的直接利用。根据细胞学原理，林木在无性繁殖条件下，细胞主要是通过有丝分裂方式增殖的，这样保证了染色体和DNA的准确自我复制，使同一个体的每个细胞，及由该个体无性繁殖方法获得的所有植株，具有与母本完全相同的基因型。如果把它们栽植在相似的环境条件下，则又有相似的表现型。通常将有相同母株借助无性系繁殖方法所获得的一群个体称之为无性系，将多个无性系按田间试验设计的原则布置试验进行无性系测定，最终评选出优良无性系，并推广应用于生产的过程称之为无性系育种。其意义主要表现在保持优良的基因及基因型；无性系育种能取得更大的遗传增益；重现采穗圃母树的优良特性；无性系育种比实生育种周期短。

1. 种质资源

(1)种质资源丰富。在我国国槐栽培历史悠久，分布范围广泛，且栽培过程中多采用实生繁殖，形成了极其丰富的种质资源。北方

地区的北京市、山东省、山西省、陕西省、河南省和甘肃省等地栽培较多。山西省从北到南均有分布，国槐被称之为古稀树木之首。这为米槐优良无性系选育提供了极其丰富的种质资源。

(2)种质变异多样。国槐为雌雄同株同花树种，株间性状变异极为丰富。同一实生林分内，在管理条件相似的情况下，进入开花结实的年龄，花量高低很不一致，差异十分显著。国槐是圆锥花序，花序的大小，花蕾的多少也存在较大的差别。成熟期也不一致，槐米成熟期早熟的 7 月初即成熟，晚熟的到 8 月初，相差一个多月。丰富的性状变异为选择专门提供花蕾，且花蕾产量高的单株或无性系，提供了物质基础。

(3)繁殖容易。采用无性繁殖技术，操作简便，成活率高。特别是嫁接繁殖中的芽接法和枝接法，在砧木与接穗质量高，嫁接时间适宜，技术熟练的条件下，嫁接成活率高达 98% 以上。

(4)修剪反应强。无论采用短截，还是回缩，其发枝量多，发枝粗壮，极易发展树冠，增加结槐米枝组，提高产穗或结米量。

(5)作为经济树种栽培。槐米是重要的化工原料和医药工业原料，它可作染料，能入药。2011 年槐米市场价格高达 72 元/千克，在干旱瘠薄的丘陵低山区，种植米槐经济林，第三年槐米产值可达 2500 元/公顷。栽培管理容易，投入少成本低，比较效益高。在试验区所在的运城市盐湖区、稷山县等地，农民把米槐作为当地重要的经济树种栽培，连续多年获得了极好的经济收益。

2. 选育标准

按照阔叶树种选育规程和方法步骤制定选育方案，遵循实生林分→表现优树→无性系→无性系测定→区域化栽培→生产性栽培的选育程序，制定了早实、高产稳产、适应性(结米习性、抗逆性等)、品质等 4 项选育标准。

(1)产量高。树势健壮，枝叶茂盛，发枝力强，每个母枝抽生结米枝 2 个以上，结米株率达 60% 以上；米穗数量多而大，大小年差异不明显或年产量变化不超过 15%；每平方米树冠投影面积产量

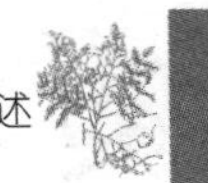

100克以上；树龄20~80年，丰产年龄长，树冠开张，分枝角度大。

(2)结实早。当年嫁接，第二年结米株率60%，第三年结米株率100%。实生苗定植后，3~5年即开花结米，10年后进入结米盛期。嫁接苗，在嫁接后2~3年即开花结米，5年后进入结米盛期，与国槐相比，提前结米5年以上。

(3)品质优。米穗大且紧凑，米粒饱满，色泽纯正。

(4)抗性强。适宜在干旱缺水的条件下栽培，其抗逆、抗病性同国槐。花期抗晚霜、耐低温。对水涝等不良环境有较强的抵抗力。

3. 选育方法

以国槐在我国的中心分布区域为选育重点区。确定山西省、陕西省、河北省及河南省为选育中心和主要选育范围，按照选育标准深入到中心分布区进行实地考查、调查，发动群众报优，收集信息数据。按照选育初选指标，在开花初期到实地进行调查，收集树种无性材料。引回到繁育区域，建立收集圃，再经过初选→复选→决选→测试林(对比林)测试。最后得到符合选育标准、栽培目的的米槐优良无性系。

一般常用的选育方法有连续选育法、独立标准法和指数选育法。米槐无性系母树的获得，主要是采用独立标准法选择。尽管国槐是我国北方重要的园林绿化和优良的生态树种，但在生产中，国槐绝大多数是种子繁殖，其后代变异是多样的。在分布区观测，要获得理想的产槐米量高的单株，概率很低。因此，按照独立标准法来进行初选，即对所需的性状，每个性状都确定一个最低标准，只要有一个性状不够最低标准，无论其他性状如何明显，都不能入选。这种方法简单易行，选择效果明显。

4. 选择阶段

(1)初选。初选主要侧重于国槐的经济学特性角度研究。从普通国槐中选育出产槐米量高的国槐单株，其优良无性系(单株)的表型选择标准区别于用材树种。一般讲，用材树种优良单株的选择考虑的指标主要是生长量、材质、抗性等。选择树高较高、树干通直、树冠较窄的类型，目的是为了获得更大的材积。作为经济型树种栽培的国槐，优良无性系的选择，主要考虑的则是单位面积槐米的产量。目标是其丰产性、稳产性、适应性均强，且在通道两侧，四旁栽植，均可兼顾材用和药用。

优良单株的选择，拟在集中、次集中分布区为重点调查区。在实地踏查和发动群众举荐的基础上，详细调查优良个体的经济性状，填好国槐优良单株选择登记表，按照独立标准法，选择产槐米量高，耐干旱、抗病虫的单株入选。

①典型性调查和随机性调查相结合。在群体数量大的国槐林分中，选择符合标准的有代表性的植株，从中随机取样株进行调查。群体数量少的，如单株、零星散生木，则全部调查。

②一般了解和重点调查相结合。对于起源明确为人工栽培的，往往植株性状较为一致，作一般了解。而对于起源不明确，人为干扰少的群体，单株类型，作为重点调查对象。

③发动林业部门的生产单位，省内外亲戚关系，在统一的目标下，报优选优，共同筛选优良单株。

对选择的样株，做出固定标记，尽可能地进行重复调查和观测。从 1985 年开始到 2003 年，在国槐开花期，先后在陕西省、河南省、甘肃省、河北省、山东省、安徽省和山西省实地观测了 10 万多株国槐树，现地调查了符合选育目标的国槐树 200 余株。按照选育标准，把符合标准的作为入选优树，进行现地调查登记。登记内容主要包括生长地概况、植株生物学调查、开花结米量调查、早实性测定、抗性调查。并从单株国槐上采集了繁殖材料(枝条)，引回运城市盐湖区泓东村，嫁接保存，连续观测其生长发育、槐米结实及适应性等。观测期间，经过简单对比比较，不断淘汰槐米产量较低的单株。最后，确定了 31 株单株为初选单株，进入复选。见表 1-1。

(2)复选。根据初选国槐在原分布区生长、结果的表现情况，结合选育目标，把开花早、结槐米量大、丰产的国槐称为米槐初选优树。其依据是国槐的变种均是按其主要性状来命名的，如龙爪槐、

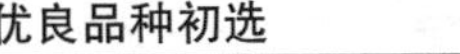

表 1-1　米槐优良品种初选

引入年度	初选编号	原产地（省、市、县、乡、村）	地理位置（纬度、经度）、海拔高度	立地条件			起源		树龄（年）	优良性状			入选理由（按照选优标准做结论）
				地形（平原、丘陵、山地，农田、荒山）	气候（年降水量、无霜期）	生长环境（片林、行道树、孤立木）	实生	嫁接（是否为品种或优树）		米槐产量（千克/株）	花枝率（花枝量/枝头数）	花期（早、中、晚）	
1989	130	陕西省铜川市寺沟镇麻子村	东经 109. 11° 北纬 35. 09° 海拔 900 米	丘陵	600 毫米 210 天	孤立木	实生	否	30	8	80%	早	穗大 结实率强
2000	151	山西省夏县郭道乡郭道村	东经 111. 22° 北纬 35. 12° 海拔 850 米	丘陵	420 毫米 210 天	孤立木	实生	否	15	3	85%	中	穗大 结实率强
1986	163	山西省闻喜县郭家庄镇七里坡村	东经 111. 22° 北纬 35. 62° 海拔 650 米	丘陵	350 毫米 210 天	孤立木	实生	否	25	5	80%	中	结实率强 粒饱满
1988	172	河南省三门陕市街道	东经 110. 19° 北纬 34. 76° 海拔 700 米	平原	600 毫米 220 天	行道树	实生	否	100	20	88%	早	结实率强 穗大
1988	173	河南省商丘市张阁镇牛庄村	东经 115. 65° 北纬 34. 44° 海拔 650 米	平原	600 毫米 220 天	行道树	实生	否	40	10	75%	早	结实率强 穗大
1999	20	广西壮族自治区南宁市兴宁区四方岭村	东经 108. 33° 北纬 22. 84° 海拔 700 米	平原	1100 毫米 220 天	行道树	实生	否	50	12	88%	早	结实率强 穗大

（续）

引入年度	初选编号	原产地（省、市、县、乡、村）	地理位置（纬度、经度）、海拔高度	立地条件			起源		树龄（年）	优良性状			入选理由（按照选优标准做结论）
				地形（平原、丘陵、山地，农田、荒山）	气候（年降水量、无霜期）	生长环境（片林、行道树、孤立木）	实生	嫁接（是否为品种或优树）		米槐产量（千克/株）	花枝率（花枝量/枝头数）	花期（早、中、晚）	
1997	95	甘肃省庆阳市后宫寨乡王岭村	东经 107.88° 北纬 36.03° 海拔 880 米	丘陵	520 毫米 210 天	孤立木	实生	否	15	4	88%	晚	结实率强 穗大紧凑
1995	46	山东省德州市宋官屯镇陈庄村	东经 116.29° 北纬 37.45° 海拔 500 米	平原	650 毫米 220 天	孤立木	实生	否	30	8	85%	晚	色泽纯 结实率强
1995	55	山西省永济市张营镇吕庄村	东经 110.42° 北纬 34.88° 海拔 700 米	丘陵	450 毫米 220 天	孤立木	实生	否	13	3.5	88%	早	穗大 结实率强
1998	67	山西省垣曲县历山镇南坡村	东经 111.63° 北纬 35.3° 海拔 850 米	丘陵	550 毫米 210 天	孤立木	实生	否	22	5	80%	早	结实率强 穗大
1996	88	山西省临猗县东张镇西仪村	东经 110.78° 北纬 35.15° 海拔 650 米	农田	450 毫米 220 天	孤立木	实生	否	12	3	80%	早	结实率强 穗大
1986	35	山西省万荣县三文乡东文村	东经 110.83° 北纬 35.42° 海拔 880 米	丘陵	350 毫米 210 天	行道树	实生	否	60	10	85%	早	结实率强 穗大
1988	43	山西省万荣县汉薛镇汉薛村	东经 110.83° 北纬 35.42° 海拔 650 米	丘陵	350 毫米 210 天	行道树	实生	否	20	4	85%	晚	结实率强 穗大

（续）

引入年度	初选编号	原产地（省、市、县、乡、村）	地理位置（纬度、经度）、海拔高度	立地条件			起源		树龄（年）	优良性状			入选理由（按照选优标准做结论）
				地形（平原、丘陵、山地，农田、荒山）	气候（年降水量、无霜期）	生长环境（片林、行道树、孤立木）	实生	嫁接（是否为品种或优树）		米槐产量（千克/株）	花枝率（花枝量/枝头数）	花期（早、中、晚）	
1986	41	山西省盐湖区王范乡王范村	东经 110.98° 北纬 35.02° 海拔 600 米	丘陵	350 毫米 210 天	行道树	实生	否	20	4	85%	晚	结实率强穗大
1987	75	山西省稷山县太阳乡太阳村	东经 110.97° 北纬 35.6° 海拔 850 米	丘陵	420 毫米 210 天	孤立木	实生	否	80	20	88%	早	结实率强穗大
1990	153	陕西省黄陵县太贤乡	东经 109.27° 北纬 35.6° 海拔 900 米	丘陵	520 毫米 210 天	孤立木	实生	否	60	15	85%	早	结实率强穗大
1991	16	湖北省武汉市武昌区街道	东经 114.17° 北纬 30.35° 海拔 960 米	平原	—	行道树	实生	否	15	3	75%	中	结实率强穗大
1991	19	湖南省永州市朱家山	东经 111.37° 北纬 26.13° 海拔 1000 米	丘陵	—	孤立木	实生	否	50	13	80%	中	结实率强穗大
1995	37	山东省潍坊市寒亭区街道	东经 119.1° 北纬 36.62° 海拔 700 米	平原	760 毫米 220 天	行道树	实生	否	22	5	80%	早	结实率强穗大
1995	48	安徽省六安市平桥乡	东经 116.49° 北纬 31.73° 海拔 910 米	农田	—	行道树	实生	否	150	25	85%	早	结实率强穗大粒好

（续）

引入年度	初选编号	原产地（省、市、县、乡、村）	地理位置（纬度、经度）、海拔高度	立地条件			起源		树龄（年）	优良性状			入选理由（按照选优标准做结论）
				地形（平原、丘陵、山地，农田、荒山）	气候（年降水量、无霜期）	生长环境（片林、行道树、孤立木）	实生	嫁接（是否为品种或优树）		米槐产量（千克/株）	花枝率（花枝量/枝头数）	花期（早、中、晚）	
1996	73	安徽省亳州市十九里镇小郭庄	东经 116.76° 北纬 33.86° 海拔 800 米	农田	—	孤立木	实生	否	35	10	88%	早	结实率强穗大粒好
2000	97	山东省泰安市徐家楼乡尚家寨村	东经 117.13° 北纬 36.18° 海拔 770 米	平原	800 毫米 220 天	行道树	实生	否	70	18	88%	早	结实率强穗大粒好
2000	99	河南省三门峡市高庙乡三门村	东经 110.19° 北纬 34.76° 海拔 700 米	农田	700 毫米 220 天	孤立木	实生	否	12	1.5	88%	早	结实率强穗大粒好
1995	188	陕西省延安市宝塔区十里铺村	东经 109.47° 北纬 36.6° 海拔 78 米	丘陵	580 毫米 220 天	孤立木	实生	否	22	6	88%	早	结实率强穗大粒好
1998	247	河南省商丘市梁园区苏庄村	东经 115.65° 北纬 34.44° 海拔 650 米	农田	800 毫米 220 天	孤立木	实生	否	15	3.5	85%	晚	结实率强穗大粒好
1989	146	陕西省黄陵县田庄镇北沟村	东经 109.27° 北纬 35.6° 海拔 900 米	丘陵	650 毫米 210 天	孤立木	实生	否	40	12	80%	晚	结实率强穗大粒好
1999	193	甘肃省天水市冯家山村	东经 105.69° 北纬 34.6° 海拔 710 米	丘陵	550 毫米 210 天	孤立木	实生	否	60	18	85%	早	结实率强穗大粒好

（续）

引入年度	初选编号	原产地（省、市、县、乡、村）	地理位置（纬度、经度）、海拔高度	立地条件			起源		树龄（年）	优良性状			入选理由（按照选优标准做结论）
				地形（平原、丘陵、山地，农田、荒山）	气候（年降水量、无霜期）	生长环境（片林、行道树、孤立木）	实生	嫁接（是否为品种或优树）		米槐产量（千克/株）	花枝率（花枝量/枝头数）	花期（早、中、晚）	
1986	58	陕西省合阳县王村镇	东经 110. 15° 北纬 35. 24° 海拔 700 米	平原	580 毫米 220 天	孤立木	实生	否	10	0. 8	88%	晚	结实率强穗大粒好
1994	109	湖南省湘潭市岳潭区大坡村	东经 112. 53° 北纬 27. 52° 海拔 720 米	平原	—	孤立木	实生	否	20	8	88%	早	结实率强穗大粒好
2001	215	河北省石家庄南村镇南阳庄	东经 114，48° 北纬 38. 03° 海拔 660 米	平原	650 毫米 200 天	孤立木	实生	否	100	25	85%	中	结实率强穗大粒好
1995	182	甘肃省兰州市城区城乡街道	东经 103. 73° 北纬 36. 03° 海拔 700 米	平原	650 毫米 200 天	行道树	实生	否	35	10	88%	中	结实率强穗大粒好

五叶槐等。试验期间，在运城市盐湖区三里镇沟东村，建立了米槐初选优树资源收集圃2公顷。

将入选的由不同省份引进的初选米槐优树材料——种条，在资源收集圃进行嫁接保存，并按照原来现地选择调查号登记造册。对嫁接保存的初选米槐优良单株进行形态特征和生长、米槐产量等定性定量调查。按照选育标准，采取优胜劣汰原则，进一步通过对所有米槐单株的观察，了解每株单株形态特征、生物学特性、物候期、抗逆性等，掌握个体间的变异幅度和表现形式，然后再研究性状变异的相关性，找出各类变异性状与丰产特性的关系。再通过从每个优良单株产量的对比试验，淘汰不良单株，保留米槐优良单株。经过评比、打分、鉴定，初步选出了结米产量高且稳产的7个米槐优良单株，进入决选阶段。

米槐优良品种资源收集圃地点，设在山西省运城市盐湖区三路里镇沟东村，其小地名称麻地。北纬32.02°，东经110.98°，海拔750米。大地形丘陵区，小地形坡中部和平地。坡度0~10°，坡向西北，土壤成土母质石灰岩。气候观测年份2009—2011年各年度。其中2009年绝对最低温-14.8℃，出现在1月下旬，绝对最高温40.0℃，出现在6月下旬，无霜期232天。2010年绝对最低温-12.8℃，出现在1月上旬，绝对最高温41.2℃，出现在7月上旬，无霜期208天。2011年绝对最低温-13.5℃，出现在1月中旬，绝对最高温38.6℃，出现在7月下旬，无霜期232天。见表1-2。

(3)决选。在我国，国槐是每年开花1次，偶见2次开花的植株。在引进和初选阶段，从嫁接保存的31株无性系材料中，发现了具有2次开花结米的无性系优良单株2株。即无性系82号、无性系126号，全部进入了决选阶段。在对这两个无性系进行细致观测过程中，发现当年枝上顶生的花絮(枝)，在受到干旱发生焦枝(梢)，或虫害咬食后，其下部的第一个腋芽(混合芽)会再次萌发抽生出新花枝，并开花结米。但其他无性系优良单株，虽然也会发生因顶梢焦枝(梢)，或虫害咬食后，下部第1个芽(混合芽)也会再次萌发，一

表 1-2 米槐优良品种资源收集圃气候情况记录

℃、毫米、%

年份	记录项目														
2009	月份	1	2	3	4	5	6	7	8	9	10	11	12	合计	平均
	温度	-2.6	5.3	9.6	17.2	20.2	26.3	27.6	24.7	20.9	15.4	3.2	-0.6		13.9
	降水量	0.0	15.4	13.8	15.1	121.7	36.3	46.5	102.5	56.0	33.8	34.3	1.2	476.6	
	湿度	43	64	49	45	58	48	60	66	70	65	69	55		58
2010	月份	1	2	3	4	5	6	7	8	9	10	11	12		
	温度	-0.8	3.1	8.5	14.0	21.5	26.7	27.8	25.4	21.5	14.7	6.6	1.1		14.2
	降水量	0.0	8.2	3.4	27.6	33.3	32.9	119.8	209.8	60.0	30.0	5.4	0.0	530.4	
	湿度	40	57	43	48	53	51	67	73	75	70	63	63		
2011	月份	1	2	3	4	5	6	7	8	9	10	11	12	合计	平均
	温度	-4.1	3.1	7.7	17.3	20.9	27.1	27.2	24.7	18.5	15.2	9.1	0.9		
	降水量	0.1	14.7	11.3	19.5	44.8	25.3	90.4	103.2	287.4	46.1	88.5	00	731.3	
	湿度	42	53	41	40	52	47	61	71	79	63	75	55		

些会抽生出新花枝，但不能形成较为壮实的正常花枝。一些则不会抽生新花枝，只抽生新枝。这样采取了人为有意识地干预措施，就是在第一次槐米采摘后及时剪下花序(结米枝)，结果下部的混合芽，会发生2次抽梢结米，且花序正常发育和成熟。把这两个优良无性系定位为双季米槐。

从2006年到2011年，依据多年来对米槐优良单株的观测，确定了5个关键决选标准，对初选、复选的7株优良无性系进行了决选。

①高产稳产。树势健壮，枝叶茂盛，修剪后发枝力强，每个母枝抽生结米枝2个以上，结米株率90%以上；米穗多而大，单株产量高。嫁接苗定植3年后，槐米产量900千克/公顷以上，无隔年结米和大小年。

②早实性强。结米一季或多季，当年嫁接，第二年结米株率60%，第三年结米株率100%。

③品质优良。米穗大且紧凑，槐米千粒重2.5克，米粒饱满，色泽纯正，黄中带绿。槐米主要成分芦丁含量高于普通槐米5%以上。

④抗逆性强。比所选国槐优树有明显的抗晚霜性，抗干旱耐瘠薄性强。

⑤抗病虫能力强。明显优于国槐的抗病虫能力。

根据以上选优指标和试验结果，对复选的7株米槐优良无性系进行打分评定，结合树冠单位面积槐米产量，引种示范情况，决选出了米槐优良品种3个。其中‘双季米槐1号(82号)’‘单季米槐8号’‘单季米槐21号’，均为米槐经济林栽培推广的新品种。其余‘双季米槐126号’‘单季米槐174号’‘单季米槐141号’‘单季米槐129号’，均作为较好的优良品种基因加以保存、繁殖和进一步的观测研究。见表1-3至表1-10。

表 1-3 米槐优良品种质量评分标准

无性系号：‘双季米槐 1 号(82 号)’

序号	项目	指标	得分值 5	4	3	2	1	实得分
1	树冠圆满度	圆满程度	圆满√	较圆满	中等	尖削度较大	尖削度大	5
2	发枝性	主干定干后剪口下发枝量	5 个	4 个	3 个	2 个√	1 个	2
		发枝力	强√	较强	中等	较小	极小	5
3	新枝生长势	当年生长量(厘米)	大于 100	80√	60	40	小于 40	4
4	花枝率	新枝头抽生花枝的比率(%)	95√	75	55	35	35 以下	5
5	米穗特征	米穗紧凑程度	很紧凑√	紧凑	较紧凑	一般	松散	5
6	采米后二次花枝	发枝数	4√	3	2	1	0	5
7	抗逆和适应性	耐干旱瘠薄程度	强√	较强	中等	差	极差	5
8	健康状况	受病虫危害程度	优√（健康未受任何伤害）	良（树冠有个别枯枝）	中度（受害较轻但枝叶可见有枯死）	差（受害较重枝叶枯死较多）	极差（受害严重枝叶大量枯死）	5
合计								41

表 1-4　米槐优良无性系质量评分标准

无性系号：‘单季米槐 82 号’

序号	项目	指标	得分值 5	4	3	2	1	实得分
1	树冠圆满度	圆满程度	圆满	较圆满√	中等	尖削度较大	尖削度大	4
2	发枝性	主干定干后剪口下发枝量	5个√	4个	3个	2个	1个	5
		发枝力	强	较强√	中等	较小	极小	4
3	新枝生长势	当年生长量(cm)	大于100	80	60√	40	小于40	3
4	花枝率	新枝头抽生花枝的比率(%)	95√	75	55	35	35以下	5
5	米穗特征	米穗紧凑程度	很紧凑	紧凑√	较紧凑	一般	松散	4
6	采米后二次花枝	发枝数	4	3	2	1	0√	0
7	抗逆和适应性	耐干旱瘠薄程度	强√	较强	中等	差	极差	5
8	健康状况	受病虫危害程度	优√（健康未受任何伤害）	良（树冠有个别枯枝）	中度（受害较轻但枝叶可见有枯死）	差（受害较重枝叶枯死较多）	极差（受害严重枝叶大量枯死）	5
合计								35

表 1-5　米槐优良品种质量评分标准

无性系号：‘双季米槐 126 号’

序号	项目	指标	得分值 5	4	3	2	1	实得分
1	树冠圆满度	圆满程度	圆满√	较圆满	中等	尖削度较大	尖削度大	5
2	发枝性	主干定干后剪口下发枝量	5 个	4 个√	3 个	2 个	1 个	4
		发枝力	强√	较强	中等	较小	极小	5
3	新枝生长势	当年生长量（厘米）	大于 100	80	60√	40	小于 40	3
4	花枝率	新枝头抽生花枝的比率（%）	95√	75	55	35	35 以下	5
5	米穗特征	米穗紧凑程度	很紧凑	紧凑√	较紧凑	一般	松散	4
6	采米后二次花枝	发枝数	4	3√	2	1	0	0
7	抗逆和适应性	耐干旱瘠薄程度	强√	较强	中等	差	极差	5
8	健康状况	受病虫危害程度	优√（健康未受任何伤害）	良（树冠有个别枯枝）	中度（受害较轻但枝叶可见有枯死）	差（受害较重枝叶枯死较多）	极差（受害严重枝叶大量枯死）	5
合计								36

表 1-6　米槐优良品种质量评分标准

无性系：‘单季米槐 21 号’

序号	项目	指标	得分值 5	4	3	2	1	实得分
1	树冠圆满度	圆满程度	圆满√	较圆满	中等	尖削度较大	尖削度大	5
2	发枝性	主干定干后剪口下发枝量	5 个	4 个	3 个√	2 个	1 个	3
		发枝力	强	较强√	中等	较小	极小	4
3	新枝生长势	当年生长量(厘米)	大于 100	80	60√	40	小于 40	3
4	花枝率	新枝头抽生花枝的比率(%)	95√	75	55	35	35 以下	5
5	米穗特征	米穗紧凑程度	很紧凑	紧凑	较紧凑√	一般	松散	3
6	采米后二次花枝	发枝数	4	3	2	1	0√	0
7	抗逆和适应性	耐干旱瘠薄程度	强√	较强	中等	差	极差	5
8	健康状况	受病虫危害程度	优√（健康未受任何伤害）	良（树冠有个别枯枝）	中度（受害较轻但枝叶可见有枯死）	差（受害较重枝叶枯死较多）	极差（受害严重枝叶大量枯死）	5
合计								33

表 1-7 米槐优良品种质量评分标准

无性系号：‘单季米槐 174 号’

序号	项目	指标	得分值					实得分
			5	4	3	2	1	
1	树冠圆满度	圆满程度	圆满√	较圆满	中等	尖削度较大	尖削度大	5
2	发枝性	主干定干后剪口下发枝量	5 个	4 个	3 个√	2 个	1 个	3
		发枝力	强√	较强	中等	较小	极小	
3	新枝生长势	当年生长量（厘米）	大于 100	80	60√	40	小于 40	5
4	花枝率	新枝头抽生花枝的比率（%）	95√	75	55	35	35 以下	5
5	米穗特征	米穗紧凑程度	很紧凑	紧凑√	较紧凑	一般	松散	4
6	采米后二次花枝	发枝数	4	3	2	1	0√	0
7	抗逆和适应性	耐干旱瘠薄程度	强√	较强	中等	差	极差	5
8	健康状况	受病虫危害程度	优√（健康未受任何伤害）	良（树冠有个别枯枝）	中度（受害较轻但枝叶可见有枯死）	差（受害较重枝叶枯死较多）	极差（受害严重枝叶大量枯死）	5
合计								30

表 1-8 米槐优良品种质量评分标准

无性系号：'单季米槐 141 号'

序号	项目	指标	得分值 5	4	3	2	1	实得分
1	树冠圆满度	圆满程度	圆满	较圆满√	中等	尖削度较大	尖削度大	4
2	发枝性	主干定干后剪口下发枝量	5 个	4 个	3 个√	2 个	1 个	3
		发枝力	强√	较强	中等	较小	极小	5
3	新枝生长势	当年生长量(厘米)	大于 100	80	60	40√	<40	2
4	花枝率	新枝头抽生花枝的比率(%)	95√	75	55	35	35 以下	5
5	米穗特征	米穗紧凑程度	很紧凑	紧凑√	较紧凑	一般	松散	4
6	采米后二次花枝	发枝数	4	3	2	1	0	0
7	抗逆和适应性	耐干旱瘠薄程度	强√	较强	中等	差	极差	5
8	健康状况	受病虫危害程度	优（健康未受任何伤害）	良√（树冠有个别枯枝）	中度（受害较轻但枝叶可见有枯死）	差（受害较重枝叶枯死较多）	极差（受害严重枝叶大量枯死）	4
合计								32

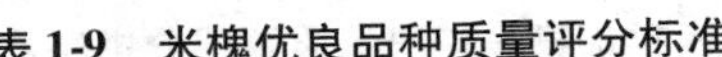

表 1-9　米槐优良品种质量评分标准

无性系号：‘单季米槐 174 号’

序号	项目	指标	得分值					实得分
			5	4	3	2	1	
1	树冠圆满度	圆满程度	圆满	较圆满√	中等	尖削度较大	尖削度大	4
2	发枝性	主干定干后剪口下发枝量	5 个	4 个	3 个√	2 个	1 个	3
		发枝力	强	较强	中等√	较小	极小	3
3	新枝生长势	当年生长量（厘米）	大于 100	80	60√	40	小于 40	3
4	花枝率	新枝头抽生花枝的比率（%）	95√	75	55	35	35 以下	5
5	米穗特征	米穗紧凑程度	很紧凑	紧凑	较紧凑√	一般	松散	3
6	采米后二次花枝	发枝数	4	3	2	1	0√	0
7	抗逆和适应性	耐干旱瘠薄程度	强√	较强	中等	差	极差	5
8	健康状况	受病虫危害程度	优√（健康未受任何伤害）	良（树冠有个别枯枝）	中度（受害较轻但枝叶可见有枯死）	差（受害较重枝叶枯死较多）	极差（受害严重枝叶大量枯死）	5
合计								31

表 1-10 米槐优良品种决选质量评分排序及综合评价

无性系号	得分值	排序	综合评价	入选	淘汰
‘双季米槐 1 号(82号)’	41	Ⅰ	与 126 号比，二次产量高，树势强，叶片大，抗旱、耐瘠薄适宜范围广	√	
‘双季米槐 126 号’	36	Ⅱ	双季产米，与 82 号比，二次产米量小，树势弱，叶片小		√
‘单季米槐 8 号’	35	Ⅲ	单季产米，产量高，米穗大、紧凑饱满，千粒重 2.4 克，淡黄色，极丰产。主枝角度开张，干形较强树势平衡	√	
‘单季米槐 21 号’	33	Ⅳ	单季产米量仅次于 8 号。米穗大、紧凑饱满，千粒重 1.8 克，淡黄色，极丰产。主枝角度开张，干形较强树势平衡	√	
‘单季米槐 174 号’	30	Ⅶ	单季产米，产量低于 8 号、21 号，千粒重小，淡黄色，较丰产		√
‘单季米槐 141 号’	32	Ⅴ	单季产米，产量低于 8 号、21 号，米穗较小、紧凑饱满，千粒重小		√
‘单季米槐 129 号’	31	Ⅵ	单季产米，产量低于 8 号、21 号，米穗较小、紧凑饱满，千粒重小		√

(二)无性系测定

1. *测定方法*

依据一定的标准按表现型从不同立地条件下选择出米槐优良无性系，其表现型上的差异是基因型及环境共同作用的结果。在通常情况下，优良的母树不一定能产生优良的无性系。所以，必须通过无性系测定，对优树的基因通过繁殖将其保存下来，从而实现对所选优良品种的继代利用。

2. *无性系测定*

把所选得的米槐优良无性系定植在相同的立地条件下，进行栽培对比试验。通常采用随机区组设计对比试验方法。在运城市盐湖区三路里镇，采取了单株小区，3 次重复，设置无性系测定林。同时对这些无性系在不同区域进行了圃地嫁接，以及在 2～3 年生国槐树

上高接试验。设置了区域栽培验证林，验证选育出的优良无性系的遗传稳定性和优良表现型的可复制性。验证林设置在四川省、陕西省和山西省稷山县、盐湖区、闻喜县、夏县、尧都区。对结米期、产量和效益进行了测定试验，证明所选的米槐优良无性系具有高产稳产、适宜性强等优良的遗传性状。引入地栽培的米槐优良无性系，保持了原单株的优良性状。

3. 测试林试验

在运城市盐湖区，采用在普通国槐树上嫁接建立测试林。对5年的测试林进行调查，实测其树高、胸径、冠幅和单株产量，计算单位面积槐米产量，并分株采集槐米样品，带回室内经烘干后，分析测定其烘干后的千粒重等品质指标，分株记载各项测定结果。根据各项指标的测定结果，严格进行优树决选。见表1-11、表1-12。

表1-11 米槐优良品种测定林树体状况调查

试验单位：运城市盐湖区三路里镇东盛槐米专业合作社

试验地点：盐湖区三路里镇沟东村东弯

调查日期：2011年11月5日 填表人：雷茂端

树 龄：5年 栽植年度：2007年 栽植方法：小坑栽植

对照树国槐：5年生 栽植年度：2007年 栽植方法：小坑栽植

样株号	对照株号	冠径(米)			主干高（米）	树高（米）	结果量				单位投影面积槐米产量(千克/公顷)
		东西	南北	平均			结果枝头数	平均单头果数	平均单头产量（克）	株产量（克）	
‘双季米槐1号(82号)’		3.7	3.7	3.7	0.5	3.9	300	3200	6.5	2340	231.7
	CK	3.6	3.4	3.5	0.5	3.9	无	无	无	无	无
‘单季米槐8号’		3.1	3.2	3.2	0.38	3.5	158	4500	10	1600	200.0
	CK	3.3	3.5	3.4	0.42	4	无	无	无	无	无
‘双季米槐126号’	3	3.2	3.3	3.3	0.52	3.8	280	2800	6.1	1891	207.8
	CK	3.5	3.5	3.5	0.35	3.7	无	无	无	无	无
‘单季米槐21号’		2.9	3.1	3	0.5	3.5	150	5000	9	1305	143.4
	CK	3.5	3.6	3.6	0.6	3.8	无	无	无	无	无

（续）

样株号	对照株号	冠径（米）			主干高（米）	树高（米）	结果量				单位投影面积槐米产量（千克/公顷）
		东西	南北	平均			结果枝头数	平均单头果数	平均单头产量（克）	株产量（克）	
‘单季米槐174号’		3.2	3.2	3.2	0.5	3.6	150	4300	8.5	1215	151.9
	CK	3.7	3.5	3.6	0.45	4	无	无	无	无	无
‘单季米槐141号’		3.3	3.4	3.4	0.4	3.6	150	4300	8.5	1080	122.7
	CK	3.8	3.9	3.9	0.52	4.2	无	无	无	无	无
‘单季米槐125号’		3.2	3.2	3.2	0.5	3.5	140	4200	8	980	122.5
	CK	3.6	3.4	3.5	0.55	4	无	无	无	无	无

表1-12　米槐优良品种测定林树体状况调查

无性系号	树龄（年）	冠径（米）	树冠面积（平方米）	主干高（米）	干径（厘米）	树高（米）	槐米产量				排序
							单株花枝头数（个）	克/平均单头产量	平均株产量（克）	单位投影面积槐米产量（千克/公顷）	
‘双季米槐1号(82号)’	5	3.6	10.1	0.4	9.5	3.9	360	6.5	2340	231.7	1
‘单季米槐8号’	5	3.2	8.0	0.35	8.2	3.5	160	10	1600	200.0	2
‘双季米槐126号’	5	3.4	9.1	0.45	9	3.8	310	6.1	1891	207.8	3
‘单季米槐21号’	5	3.4	9.1	0.45	8	3.9	145	9	1305	143.4	4
‘单季米槐174号’	5	3.2	8.0	0.5	7.5	3.6	135	9	1215	151.9	5
‘单季米槐141号’	5	3.35	8.8	0.4	8	3.6	135	8	1080	122.7	6
‘单季米槐125号’	5	3.2	8.0	0.5	7.5	3.5	140	7	980	122.5	7

注：‘双季米槐1号(82号)’和‘双季米槐126号’均为两季的产量，每公顷栽990株。

4. 抗性调查

所选出的米槐优良无性系，是否保持了国槐抗旱、抗寒、抗病虫等特性。在对各个无性系的观测试验中，在抗旱、抗病虫性方面没有发现差异。2010年春季，在运城市遭受到一场降雪低温危害后，当地花椒受冻死亡，杏树、桃树花芽受冻绝产。在春季气温回升趋

于稳定时，制定了米槐不同寒害等级标准，采用了随机起点，机械抽样法，每个复选无性系抽取10株，进行了抗寒性调查。逐株观察寒害等级，登记不同等级的株数和百分率，按照抗寒指标 = $(1N+2N+3N+4N+5N)/\Sigma N$（式中：1、2、3、4、5不同受害等级；$N$为不同受害等级的株数；$\Sigma N$为观察总株数）。计算出各个无性系的抗寒指标，然后按等级指标表核对出各个无性系的抗寒等级。表1-13、表1-14、表1-15。

表1-13　米槐不同寒害症状及等级划分

寒害等级	寒　害　症　状
1	顶梢挺拔，未发生脱水萎蔫，无寒害相
2	顶梢有轻度萎蔫，但大多数能正常抽生新梢和花枝，基本无寒害
3	顶生1年枝受冻干枯达1/3
4	顶生1年枝受冻干枯达1/2左右
5	顶生1年枝不能萌芽，全枝干枯

表1-14　耐寒等级指标

指标	1.00~1.50	1.51~2.50	2.51~3.50	3.51~4.50	4.51~5.00
等级	Ⅰ	Ⅱ	Ⅲ	Ⅳ	Ⅴ

表1-15　米槐抗寒性观测记载表调查

试验单位：运城市盐湖区三路里镇东盛槐米专业合作社

试验地点：运城市盐湖区三路里镇沟东村麻地　填表人：雷茂端　日期：2010年

树龄：5年

无性系	寒害各等级株数					实际抗寒性指标值	抗寒性评价
	1	2	3	4	5		
‘双季米槐1号(82号)’	8	2	0	0	0	1.2	Ⅰ
‘单季米槐8号’	7	2	1	0	0	1.4	Ⅰ
‘单季米槐125号’	6	3	1	0	0	1.5	Ⅰ
‘单季米槐174号’	7	2	1	0	0	1.4	Ⅰ
‘单季米槐21号’	7	3	0	0	0	1.3	Ⅰ
‘单季米槐141号’	7	2	1	0	0	1.4	Ⅰ
‘双季米槐126号’	8	2	0	0	0	1.2	Ⅰ

5. 抗寒结果与分析

从调查结果来看，所选出的米槐优良品种的抗寒性均在Ⅰ级，说明了抗旱性能均强。2010年，在发生低温危害后，国槐的开花结实也受到影响造成种子减产，但米槐优良品种基本没有发生产量大幅减产，收益稳定，属于正常年景。其观测分析原因，主要是米槐的芽属于混合芽，发芽力强，加之当芽先抽生新梢后再发生花序。因此，增强了米槐优良品种的抗寒性。按米槐无性系抗性指标值，可以把米槐优良品种抗寒性排序为：‘双季米槐1号(82号)’>‘单季米槐21号’>‘单季米槐8号’。

米槐优良品种具有国槐的抗干旱、耐瘠薄、抗根腐病的特性，能够在多种立地条件下生长，特别是运城市、临汾市等地丘陵、山塬旱地，可作为主要经济生态树种发展，可以获得早期丰产增收，经济效益和生态效益突出。2006年以来，“米槐优良单系选育及丰产栽培配套技术研究”课题组在研究试验期间，特别是在复选出7个米槐优良单株后，对所选育的米槐优良无性系，分别在运城市盐湖区、稷山县、夏县和临汾市尧都区等地，进行了较大面积的推广示范，累计圃地嫁接繁育良种苗木50多万株，营造米槐经济林林534公顷，零星栽植米槐经济树木6万多株。高接改造国槐低效林(退耕还林地)1667公顷，嫁接成活米槐约250万株，累计槐米产量约40万千克，直接增加经济效益达1200万元。经过多年的区试观测证明，选育的米槐优良品种可作为我国干旱丘陵区栽培的优良经济林树种发展。在普通旱地，第3年单季槐产量达750千克/公顷，双季槐产量可达1125千克/公顷。5~6年进入盛果期，单季槐产量可达2025千克/公顷，双季槐产量可达3375千克/公顷。按照最低收购价，平均收入可达37500元/公顷以上。米槐稳产性能好，没有明显的大、小年，年年都丰产，栽培米槐能够取得较高的经济效益。由于米槐在开花前就剪掉槐米，消耗树体营养少。加之米槐根系发达，吸收营养多，这就决定了米槐对水分和肥料的消耗就较少。因此，栽培米槐经济林投资少。米槐在自然生长状态下开花能力很强，无

表 1-16 米槐优良品种物候观测

系号	萌动期（月/日）		展叶期（月/日）		开花期（月/日）							叶变色期（月/日）		落叶期（月/日）	
	芽开始膨大期	芽开放期	展叶始期	展叶盛期	花蕾出现期	始花期	盛花期	第二次花蕾出现期	始花期	开花末期	种子成熟期	叶开始变色期	叶全部变色期	开始落叶期	落叶末期
‘双季米槐 1 号(82 号)’	3/7	3/2	4/5	4/12	5/1	7/2	7/16	8/5	9/26	10/12	10/9	10/12	11/3	11/12	11/25
‘单季米槐 8 号’	3/12	3/22	4/7	4/15	5/15	7/5	7/18				10/1	10/14	10/28	11/8	11/22
‘双季米槐 126 号’	3/5	3/15	4/2	4/1	5/12	7/15	7/15	8/9	9/2	10/8	10/5	10/1	11/1	11/1	11/24
‘单季米槐 21 号’	3/8	3/18	4/6	4/15	5/2	7/24	7/24				10/1	10/8	11/2	11/13	11/23
‘单季米槐 174 号’	3/1	3/16	4/3	4/12	6/2	7/1	7/1				10/8	10/5	10/25	11/5	11/25
‘单季米槐 141 号’	3/12	3/25	4/7	4/15	5/5	7/2	7/15				10/15	10/15	11/2	11/11	11/2
‘单季米槐 125 号’	3/17	3/26	4/8	4/16	5/16	7/8	7/18				10/13	10/16	11/3	11/8	11/23
‘国槐 15 年生’	3/15	3/19	4/2	4/11	5/1	7/5	7/18				10/8	10/1	11/15	11/18	11/24
‘国槐 20 年生’	3/5	3/13	3/28	4/8	5/4	7/6	7/2				10/1	10/3	10/21	11/5	11/15

需促花保果，管理技术简单。米槐病虫害较少，主要是芽虫，一年打一次药即可，容易防治。

近几年，在退耕还林中，仅运城市发展国槐林3334公顷以上。用米槐优良品种对这些普通国槐林进行了高接换头改造，取得了显著的经济效益，迅速增加了农民收入，巩固了退耕还林成果，对培植和壮大退耕还林的后续产业、农民脱贫致富起到积极的促进作用。

6. 物候期和形态性状观测

为了掌握每个米槐优良品种的生态特性和科学设计栽培区域，对选出的3个米槐优良品种，进行了物候期、优良性状的观测和记载。

试验单位是运城市盐湖区三路里镇东盛槐米专业合作社，试验地点选在沟东村麻地，米槐经济树龄5年。见表1-16。

二、优良品种特性

（一）两季结米

经过科研人员的多年观测试验，培育出的‘双季米槐1号(82号)’优良品种(图1-1)，充分利用其芽异质性的优良特性，经过人为干预达到了一年开花两季的目的，提高了产量和经济效益。米槐的芽与国槐一样是混合芽(枝、叶芽)，芽萌发后，既能够抽生新枝，加长生长，扩大树冠，又能够抽生花序(花枝)，萌发并开花结米。芽的特异性明显，芽的萌芽力强，成枝力也强，就是上部第一个芽的成枝成花力也强(上部芽的萌发和成花成枝的能力均高于下部的芽)。如自然界中“梅开二度”的形象，在一年中红花槐两次甚至多次开花的现象等，均属于相同的原

图1-1　‘双季米槐1号(82号)’果实形状

理。外界条件的光照、温度、生长期也是一个原因。但是，依据外因是变化的条件、内因是变化的依据的原理，植物体本身的特性(芽的异质性)起主导作用。双季槐正是利用了这种特性，再经过人工驯化形成的一年两季结米。

(二)形态特征

1.‘双季米槐1号(82号)’

初生叶形为柳叶形，真叶为长卵形，叶色为淡绿色。花序为雌雄同株，圆锥形，花形雌雄为喇叭。花形花色雌雄为淡黄，始花年龄为当年。果实形状呈豆角形，果皮颜色浅黄色，果实长度13厘米，宽度1.3厘米，厚度0.9厘米。种子形态呈黑豆形，浅黑色。种子长度1.2厘米，宽度0.8厘米，厚度0.6厘米。

2.‘单季米槐8号’

初生叶形为额眉形，真叶为鹅卵形，叶色为淡黄色。花序为雌雄同株，纺锤形，花形雌雄为喇叭。花形花色雌雄为米黄，始花年龄为第2年。果实形状呈豆角形，果皮颜色浅黄色，果实长度14厘米，宽度1.2厘米，厚度0.8厘米。种子形态呈黑豆形，浅黑色。种子长度1.2厘米，宽度0.7厘米，厚度0.5厘米。

3.‘单季米槐21号’

初生叶形为额眉形，真叶为长卵形，叶色为深绿色。花序为雌雄同株，纺锤形，花形雌雄为喇叭。花形花色雌雄为淡白，始花年龄为第2年。果实形状呈豆角形，果皮颜色深绿色，果实长度14厘米，宽度1.2厘米，厚度0.8厘米。种子形态呈黑豆形，浅黑色。种子长度1.2厘米，宽度0.7厘米，厚度0.6厘米(图1-2)。

(三)生物学特性

由山西省运城市林业局、山西省林业技术推广总站、盐湖区林业局、稷山县林业局研究的“米槐优良单系选育及丰产栽培配套技术研

图 1-2　5 年生‘单季米槐 21 号’

究”成果，2012 年通过了山西省科学技术厅组织的专家成果鉴定。选出的‘双季米槐 1 号(82 号)’‘单季米槐 8 号’‘单季米槐 21 号’3 个米槐优良品种，具有早实丰产、抗干旱、耐瘠薄、抗病虫害等特性。通过山西省林木品种审定委员会良种审定，定为山西省南部地区发展。

1.‘双季米槐 1 号(82 号)’

落叶乔木，5 年生树高达 3.6 米，树冠紧凑，干性直，树皮粗糙，树势强壮。一年两季结槐米。结米早，当年栽植部分株结米，第三年结米株率 100%。丰产稳产，米穗多而大，株产量高。在干旱丘陵区，定植第三年槐米产量 900 千克/公顷，第五年槐米产量 2250 千克/公顷，无隔年结米，且不分大小年。品质优良，米穗大且紧凑，槐米千粒重 1.9 克，米粒饱满，色泽纯正，黄中带绿。槐米主要成分芦丁含量 21%，比普通槐米高于 10% 以上。树势健壮，抗逆性强，比普通国槐有明显的抗晚霜性。抗干旱、耐瘠薄性强。抗病虫能力强于普通国槐。适宜在年均温 10℃ 以上，无霜期较长的临汾市、运城市、晋城市的中低山、丘陵和平原地区栽植。

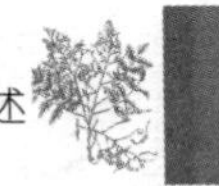

2.‘单季米槐21号’

落叶乔木，树高达3.3米，树冠广卵形，干形直立，树皮光滑，嫩枝发绿色，树势强壮。叶深绿，长卵形。一年一季结槐米，发芽略晚，结米早，当年栽植部分植株结米，第三年结米株率95%。丰产稳产性强，在干旱丘陵区，定植后第三年槐米产量可达750千克/公顷，第五年槐米产量2000千克/公顷，无隔年结米，且不分大小年。品质优良，米穗大且紧凑，穗长大呈圆锥形，颗粒饱满，槐米千粒重1.8克，单位投影面积槐米产量2151克/公顷，色泽纯正，呈淡绿色。抗逆性强，抗干旱、耐瘠薄，抗晚霜强性，较普通国槐抗病虫能力强。树势平衡，主枝开张角度较大。适宜在国槐生长的地区栽植。最适宜在年均温8℃以上的低山、丘陵、平川区栽植(图1-2)。

3.‘单季米槐8号’

落叶乔木，5年生树高达3.2米，树冠广卵形，干形弯曲，树皮光滑，嫩枝淡黄色，树势强壮。叶淡黄色，窄柳叶形。一年一季结槐米，发芽早，结米早。当年栽植部分植株结米，第三年结米株率98%。丰产稳产性强，在干旱丘陵区，定植后第三年槐米产量可达600千克/公顷。第五年槐米产量1500千克/公顷，无隔年结米，且不分大小年。品质优良，米穗大且紧凑，穗短呈纺锤形，颗粒饱满，槐米千粒重2.1克，单位投影面积产量3000克/公顷，色泽纯正，呈黄绿色。抗逆性强，抗干旱、耐瘠薄，抗晚霜强性，较普通国槐抗病虫能力强。树势平衡，主枝开张角度较大。适宜在年均温8℃以上的低山、丘陵、平川区国槐生长的地区栽植。

(四)栽培区划

1. 最适栽培区

在山西省运城市、临汾市、晋城市及类似区域，海拔在1200米以下，年均温在10℃以上，无霜期在170天以上的中低山、丘陵、平川区，适宜发展‘双季米槐1号(82号)’和‘单季米槐21号’‘单季米槐8号’，见图1-3。

图 1-3　盐湖区 3 年生‘双季米槐 1 号(82 号)’丰产园

2. 适宜栽培区

在山西省长治市、晋中市、阳泉市、吕梁市、忻州市及类似区域，海拔 1000 米以下，年均温在 8℃以上，无霜期 150 天以上的低山、丘陵、平川区，适宜发展‘单季米槐 21 号’和‘单季米槐 8 号’（图 1-4）。

图 1-4　盐湖区 3 年生‘单季米槐 21 号’丰产园

3. 园地立地条件

米槐建园土壤以壤土、沙壤土为宜，轻黏土，轻度盐碱地也可栽培。坡向为阳坡、半阳坡。土层深度≥80 厘米，土壤酸碱度 pH 值 6~8.5 之间，下湿积水洼地和山间凹地下部不宜建园。

依据米槐优良品种在山西省区域栽培推广示范情况及其表现，划分了米槐优良品种的适宜栽培区。见表 1-17。

表 1-17　米槐优良品种栽培区域划分

新品种	适宜立地	纬 度	最适栽培区
‘双季米槐 1 号（82 号）’	黄土丘陵区和底山区，海拔≤1000 米，土层深度≥100 厘米，中性及微碱性土	北纬 36.5°以南	山西省临汾市、运城市、晋城市、长治市盆地及类似区域
‘单季米槐 8 号’	黄土丘陵区和底山区，海拔≤1000 米，土层深度≥100 厘米，中性及微碱性土	北纬 38°以南	山西省太原市、离石市、阳泉市及类似区域
‘单季米槐 21 号’	黄土丘陵区和底山区，海拔≤1000 米，土层深度≥100 厘米，中性及微碱性土	北纬 38°以南	山西省太原市、离石市、阳泉市及类似区域

4. 区域栽培试验

从 2006 年起，一些农户和公司得知有专供生产槐米的米槐优良品种在生产中试验初步见效，纷纷前来联系种条、苗木。尤其是一年生产两季槐米的‘米槐双季 1 号’的选育，在山西省运城市、临汾市范围内掀起了发展米槐经济林的热潮。运城市盐湖区、稷山县、河津市等林业部门，积极要求提供米槐优良品种的种苗，全区在万荣县、盐湖区召开了流动现场会。因势利导，结合米槐优良品种区域栽培，有计划地在运城市稷山县、夏县、河津市，临汾市尧都区设置了引种示范区，进行米槐优良品种品种栽培技术的试验研究。通过推广示范栽培，均获得了较好的经济效益。

仅 2007—2009 年，在山西省运城市的稷山县、盐湖区、夏县和河津市等地发展米槐经济林 60 公顷，高接改造国槐林成为米槐经济林 370 公顷。高接改造的‘双季米槐 1 号（82 号）’，当年见效，产量和效益评价为优良。

第二章 米槐育苗技术

米槐优良品种确定以后，必须通过无性繁殖方式扩大基数，尽快推广应用到生产实践中，让其效益得到充分发挥。在米槐优良品种选优地，优先建立起国槐实生苗砧木圃，然后对选出的米槐优良品种进行繁育试验，探索出较佳繁殖方法及繁育技术，为米槐经济林基地建设提供优质苗木。

米槐优良品种的繁育，在实践中采用无性嫁接繁殖技术。即采用1年生实生国槐苗木做砧木，嫁接米槐优良品种，加强圃地苗期科学管理，做好苗木起苗、分级、包装、运输等科学出圃的管理措施。

一、砧木圃建立

(一)圃地准备

圃地选在背风向阳处，土壤应为沙壤、壤土，通透性好，肥力较高，排灌方便。撒施底肥，腐熟农家肥45000千克/公顷，然后翻耕埋入耕作层。米槐砧木一般使用国槐，砧木圃不能连作，可与其他林业育苗地轮作。采穗圃面积与砧木圃面积按1:15的比例确定。

(二)种子采集

可以使用普通国槐林或树做采种母树。选生长健壮，树龄20~50年生。在10月荚果暗绿色皮皱后摘取果枝，用水浸泡后去掉荚果的果肉。再用水浸泡，搓去果皮，洗净晾干、干藏。

(三)播期与种子处理

秋季播种，选用去掉果肉的种子直接播种。春季播种时，选用

干藏种子，在播前 20~25 天，用 60℃ 水浸种 24 小时，捞出掺湿沙 2~3 倍拌匀，置于室内或沙藏沟中(沟宽 1 米，深 50 厘米)，厚 20~25 厘米，摆平盖湿沙 3~5 厘米，上覆塑料薄膜，以保湿保温，促使种子萌动。注意经常翻动和加水，或喷水，使上下层种湿温度一致，待种子有 20%~30% 裂嘴后即可播种。

(四) 播种

播前要精耕平整圃地。结合耕翻，施基肥量 75000 千克/公顷，加施 5% 辛硫磷颗粒剂 3~5 千克，杀灭地下害虫。垄播时按 70 厘米行距作垄，深 2~3 厘米。用种量 180~225 千克/公顷，覆土 2~3 厘米，压实喷洒土面增温剂或覆草，保持土壤湿润。

(五) 苗期管理

播种后和出苗前，土壤过于干燥时，可进行侧方灌水。幼苗出齐后，4~5 月分两次间苗，按株距 10~15 厘米定苗，产苗量9000~12000 株/公顷，间苗后立即浇水。6 月苗木进入速生期，要及时灌水和追肥。每隔 20 天施肥 1 次，每次施硫酸铵 75 千克/公顷，或腐熟人粪尿 6000~7500 千克/公顷，加 2~3 倍水施入。8 月底停止水肥。生长季节要及时松土除草，亦可施用除草醚除草。选用 25% 除草醚 11. 25 千克/公顷，掺湿润细土 15 千克，可使 30~40 天不生杂草。当砧木苗苗茎粗度达到 0. 8~1 厘米时，即可嫁接。

二、采穗圃建立

(一) 圃地选择

采穗圃地宜选在气候适宜，土壤疏松，通透性好，地势平缓，有灌溉条件，交通方便等地方。

(二) 定植

从米槐优良品种原产地引入纯正的嫁接优质苗木，按照 1 米 ×1 米的株行距定植。植穴 60 厘米 ×60 厘米 ×60 厘米，施农家肥 20 千克/株，或复合肥 1 千克/株。栽后要立即定干，高度 50 厘米。为将来主干上培养 4~6 个主枝、树冠呈圆头形打好基础。

(三)圃地管理

定植后，在春季干旱时灌水 1~2 次，及时松土除草。在 5~7 月旺盛生长期追施氮肥 1~2 次，每次施速效氮肥 0.25 千克/株，雨季及时排水。每年秋季落叶后，施入农家肥 20 千克/株，或复合肥 1 千克/株。

(四)整形修剪

采穗后要对采穗树进行修剪。对过长的或采穗数年而明显衰退的主枝进行适当回缩，促进萌发旺条。疏除过密及枯死的枝桩和细弱枝，对采条时留桩过长的要进行短截，以减少枯桩的形成。对正常产穗的枝条一律采用极重短截修剪，只保留基部瘪芽，留枝长度 3~5 厘米。

三、嫁接育苗

(一)嫁接

在 3 月下旬砧木芽萌动时开始，采用带木质部芽接法嫁接。

(二)接穗处理

如果把米槐优良品种的芽不经过科学处理而直接嫁接在砧木上，定植后部分米槐树慢慢会形成“大脚”观象。这种“大脚”现象使槐米不能正常生长而影响产量。如在接穗上喷打“VTE”药剂，就很好地解决了这一问题，并且明显提高了嫁接成活率。

(三)接穗保存

春季使用的接穗，结合冬剪采集，或于萌芽前两周采集，放入地窖中，用湿沙埋好。沙的湿度以手捏成团，手展即撒为好。一般埋到 2/3 高度，也可埋严，上面用塑料布盖好。夏秋季嫁接所用的接穗，最好随采随接。采后立即去叶片，留一小段叶柄，以减少水分蒸发。注意保湿，带到田间的接穗要用湿布包好。需要远处运输的接穗，要将接穗装入塑料袋中，并洒少许的水，袋口不要扎实，要漏出一部分，以利透气。运到后立即将接穗用湿沙埋藏于阴凉处。

(四)嫁接部位

一般嫁接高度选择在砧木苗离地面 10 厘米以下处为宜。

(五)嫁接时期和方法

1. 春季嫁接

(1)劈接。劈接是指春季对1~2年生砧木苗进行嫁接较常用的方法。操作技术简单，容易掌握，嫁接速度较快。嫁接时间在树液开始流动后进行。

(2)插皮接。在春季对砧木较粗的苗木或较大的国槐树进行高接常采用的嫁接方法。削接穗技术要求较高，不易掌握，嫁接速度较慢，嫁接时间在苗木或树木离皮后进行。

(3)嵌芽接。具有节省接穗、嫁接时间长、成活率高、愈合牢固、便于大量繁殖等优点。春季嫁接，应在树液流动而尚未萌芽之前进行。

2. 夏季嫁接

(1)"T"字形芽接。此种方法砧木必须在离皮时选用。先在砧木离地面5厘米处，选株间方向光滑无疤部位用芽接刀切"T"字形切口，再用刀尖轻轻一拨，将砧木两边皮层微微撬起，然后在接穗芽的上方0.5厘米处横切一刀，深达木质部，再在芽的下方1.5厘米处，由浅入深向上推刀，深达木质部1/3。当纵刀口与横刀口相遇时，用手捏住芽柄轻轻掰，即可取下接芽，芽片的长度不少于2厘米。随即用刀尖将接口皮层挑开，将芽片由上向下轻轻插入，使芽片上方同"T"字形横切口对齐顶紧。最后用塑料条从接芽的下部绑到横切口的上方，叶柄要外露。

(2)嵌芽接。把接穗剪去叶片后用湿毛巾包好或泡于水中，以备取芽片用。选取1~2年生的苗木作砧木，砧木不宜过大。嫁接时先从接穗上削取盾形芽片，首先从芽上方1厘米左右处斜向下削一刀，切口长约2厘米，再从芽下方1厘米左右处斜向上削取芽片。芽片的大小一般长1~2厘米，宽0.5~1厘米，使芽居于芽片中部或稍偏上些。砧木在离地面5厘米左右处选一平直光滑部位与削芽片同样方法，削一形状与芽片相吻合的切口，长度能刚好装下最好。将芽片插入切口，使形成层对齐，最后用塑料薄膜绑好。

(3)嫩枝嫁接。夏季嫁接，嫁接时间在5月下旬至7月上旬，嫁接后10~15天接芽萌发，当年成苗。

3. 秋季嫁接

秋季嫁接多采用"T"字形芽接，在8月下旬进行。嫁接当年芽不萌发，第二年春季萌发。

(六)嫁接后管理

1. 剪砧

芽接后10天左右即可检查嫁接是否成活。凡是接芽新鲜有光泽，叶柄一触即掉，就已成活，反之，未成活。对未成活的要及时补接。春夏芽接苗一星期后在接芽上方0.5厘米处剪除砧木，20天后解绑。秋季芽接的在翌年春季芽萌动前解绑剪砧。剪砧后及时抹除接芽周围的萌蘖，以保证接芽的茁壮生长。

2. 抹芽

抹芽在接芽萌发后，砧木上发出的萌芽应一律抹去，以保证接枝的生长发育。枝接苗的管理，在较粗砧木上往往插有两个接穗，如果都成活，选择其中长势强的作为主干，另一个压低角度，或留瘪芽短截。

3. 绑支架

高接苗在生长到30厘米高度后，受风的影响容易在接口折断。因此，当嫁接苗在当年生长到一定高度后，还应用木棍对其进行加固。

4. 田间管理

4~6月加强肥水管理，地面追肥或叶面喷肥，以氮肥为主，7月以后控制施肥浇水，并每隔10~15天喷1次磷酸二氢钾，以促使苗木发育充实健壮。生长期间注意防止尺蠖和蚜虫。

(七)嫁接方法与成活

通过米槐经济林枝接、芽接分不同嫁接时期，研究对嫁接成活率、成苗质量的影响，找出最佳的嫁接时期和方法。

1. 不同嫁接方法对嫁接成活率的影响

在米槐嫁接的适龄期，采用多种嫁接方法进行对比试验，每种

方法(处理)60 株，砧木苗龄 1 年生，嫁接后统计成活株数，计算成活率。比如，在研究试验中，采用嵌芽接 60 株，成活株数 55 株，成活率 92%；而采用带木质部芽接 60 株，成活株数 57 株，成活率 95%。两者相比较，带木质部芽接比嵌芽接嫁接成活率提高了 4%。

2. 不同嫁接时间对嫁接成活率影响

按不同嫁接时间，嵌芽接和带木质部芽接两种嫁接方法，试验次数均为 5 次，每次嫁接株数均为 60 株，砧木苗龄均为 2 年生。从 6 月 30 日开始，分别在 7 月 15 日、7 月 30 日、8 月 15 日和 8 月 30 日，嫁接后统计成活株数，计算成活率。带木质部芽接嫁接成活率分别为 97%、95%、92%、92% 和 95%；嵌芽接嫁接成活率分别为 95%、93%、93%、95% 和 92%。两者相比平均嫁接成活率，带木质部芽接嫁接成活率平均为 94. 2%；嵌芽接嫁接成活率平均为 93. 6%，带木质部芽接比嵌芽接嫁接成活率提高 1%。

3. 结果分析

(1) 经过研究对比试验证明，米槐优良品种的繁殖，时间选择在春季，嫁接方法采取带木质部芽接成活率高。与嵌芽接比较，嫁接技术简单，易操作，嫁接成活率高，成本低，还可以延长嫁接时间，加快米槐优良品种的扩繁速度。

米槐带木质部芽接成活率高，主要原因是其皮层厚，易带木质部，接后接芽与砧木结合紧密，易形成愈伤组织。采用带木质部芽接，既可以在砧木萌芽期的 3~4 月嫁接，也可以在生长期嫁接，嫁接时间可以延长到 8 月。但实际应用中，为提高当年苗木合格苗出圃率，嫁接时间选择在萌芽展叶期进行，嫁接后接芽萌发和生长时间长。也可以采取接干法促使萌芽发生壮枝，培育壮苗。

(2)经过研究对比试验证明，米槐优良品种的繁殖，在春季也可以采取嵌芽接法，具有嫁接成活率高、愈合牢固、节省接穗、嫁接时间长、便于大量繁殖等特点。嫁接时间宜应在树液流动而尚未萌芽之前进行。嫁接部位高度不超过根际 40 厘米，宜选苗龄 2 年生、地径 1. 0~1. 5 厘米以上的实生国槐砧木苗。

（八）苗木分级与出圃

秋季落叶后可以立即起苗，随起随分级。按照米槐嫁接苗的分级标准进行分级。出圃外调的苗进行临时假植，长途调运苗木，应采取保湿、防冻、防伤皮、防霉烂等措施。若在秋季起苗，春季栽植时，苗木要做好越冬假植。苗木在起苗、包装、运输过程中不能使苗茎和根系受到任何机械伤害。见表2-1。

表 2-1　米槐嫁接苗分级标准

指标	项　目	等级	
		Ⅰ级	Ⅱ级
根系	主根长（厘米）、侧根数（条）、侧根长（厘米）、侧根粗（厘米）	≥25 ≥4 ≥15 ≥0.3	≥20 ≥3 ≥12 ≥0.2
干高	接口至顶端高度（厘米）	≥100.0	≥80.0
茎粗	接口以上5厘米处粗度（厘米）	≥1.2	≥1.0
其他	接口愈合机械损伤检疫对象	完全无	

分级方法：以苗高及茎粗为主要指标，以侧根数及主侧根长为控制指标。苗高、苗茎均属Ⅰ级苗，侧根数或主侧根长度中有一项属Ⅰ级，则视为Ⅰ级苗。反之侧根数和主根长度均属Ⅰ级，但苗高与茎粗中有一项属Ⅱ级，则为Ⅱ级苗。Ⅰ、Ⅱ级苗为合格苗。

第三章 米槐经济林建园技术

一、园地选择

(1)坚持因地制宜、科学规划、合理布局、规模发展的原则，建设具有区域特色的槐米生产基地。

(2)坚持品种化栽植、集约化管理，以达到较高的经济效益。

(3)栽培区气候、土壤等自然立地条件适宜米槐优良品种的生长发育。

(4)槐米在本地区的销售市场广阔，且具有较大的开拓空间。

(5)技术力量较强，有较健全的技术推广服务体系，能够承担作业设计、技术指导和科学管理。

(6)栽培区交通便利，具备槐米晾晒、收集、贮藏、运输条件，销售渠道顺畅。

二、园地规划

(1)米槐经济林园地建设要求按照基本建设程序，由有资质的规划设计单位进行项目规划、设计，报上一级林业主管部门审批。

(2)作业设计的主要内容包括：栽培的米槐优良品种，苗木质量要求，栽培与管理措施，槐米晒场及其成品储藏库等附属设施配套建设，有关的施工作业图表等。

(3)作业设计应在施工的前一年上报林业主管部门或项目审批(审核)部门审批。严格按照作业设计施工和检查验收。

三、植苗建园技术

(一) 密度

栽植密度根据造林地立地条件确定。土壤深厚、肥沃时要适当稀植，密度615株/公顷，株行距4米×4米，或密度280株/公顷，株行距3米×4米。土壤较瘠薄时适当密植，密度990株/公顷，株行距2.5米×4米，或密度1110株/公顷，株行距3米×3米。在土壤通透性好、浇水方便的平地，可建立米槐经济林密植丰产园，密度1650株/公顷，株行距2米×3米。

(二) 行向配置

栽植地较整齐，栽植行向按南北向配置。地形复杂，坡向坡度变化大，栽植行向仍按南北向配置。使米槐经济林在生长发育过程中有充足的光照空间。

(三) 整地与施肥

1. 园地平整

平缓地可先进行全面土地旋耕，坡地可沿栽植行进行带状局部平整，荒山荒地要对栽植带进行清理，保留坡面植被。缓坡地采用穴状整地，规格80厘米×80厘米×80厘米。坡地要进行水平沟整地，规格为沟宽80厘米、深80厘米。

2. 整地方法及规格

在不具备浇水的干旱地区，应实行雨季预整地。坡度在15°以下时采取穴状整地，规格为80厘米×80厘米×80厘米；坡度在15°以上时，采取水平沟整地，规格为沟宽80厘米、深80厘米，长视地形而定。地形破碎的坡面，实行鱼鳞坑整地，长宽深规格为100厘米×60厘米×60厘米。整地时熟土回填，生土做埂。

3. 施肥

施入腐熟农家肥20千克/株或复合肥1千克/株。

(四) 栽植时间与方法

1. 栽植时间

秋栽或春栽均可建立米槐经济林园地。干旱地区秋季墒情好时，

在秋季落叶后即可栽植；春季选在苗木即将发芽时栽植，栽后立即浇水，水渗后立即整穴、覆膜等抚育管护。

2. 栽植方法

栽植时做到采用“三埋两踩一提苗”。在栽植地预植 5%~10% 的补植苗。栽植后立即定干，高度 70~80 厘米为宜。

（五）苗木处理

栽植前对苗木根部进行修理，并采用浸水、蘸泥浆或用 ABT 生根粉浸根等方法处理。栽植后及时浇水覆土，在干旱地区应采取覆膜等保墒措施。

（六）栽后补植

栽植后的苗木当年成活率应在 85% 以上，并预植 10%~15% 的补植苗，基地建成后，米槐经济林幼林保存率应在 95% 以上。

（七）苗木质量

苗木质量分级标准详见表 2-1。

第四章

米槐经济林园地土肥水管理技术

一、幼树期土肥水管理

（一）定干修剪

米槐经济林栽植后，要立即定干修剪，高度70~80厘米较为适宜。

（二）修筑保护带

栽植后，平地要按栽植行修保护带（视径流方向），带宽1.4米，以便于管护和浇水；坡地要修树盘，其直径为1.0米，以便灌水或积蓄雨水。

（三）中耕除草

栽植后，要立即灌水。要求灌足灌透，待水渗下后，进行整穴封土保墒。在每年5~7月进行中耕除草3~5次，干旱季节要及时浇水。

（四）有害生物防治

对槐蚜、槐尺蠖等主要虫害，要及时进行防治。

二、盛产期田间管理

（一）清园涂白

在秋季和冬季，用白涂剂涂米槐经济林的主干和主枝分叉处，要涂抹均匀。每年至少涂白2~3次。及时清理米槐园地的杂草、杂物及病虫、枯枝、落叶等。

（二）深翻树盘

秋季土壤未封冻之前，在树冠投影范围30~40厘米处，以树干

为中心，用铁锨深翻土壤，呈扇形状，深度 20～30 厘米。及时清理石块、杂草等。

（三）施基肥

在树冠投影外，挖深度 40 厘米、宽度 20～30 厘米的深沟，施入农家肥 5 千克/株。一般在秋冬季节，结合深翻树盘进行。

（四）间作作物

米槐经济林幼树生长较快，在留有足够保护带后，行间土地可间作豆类、中药材等低秆作物，以耕代管。在丘陵区栽植的米槐经济林，定植后 1～3 年内行间间作土豆、谷子等低秆作物，或金银花等中药材。平川区栽植的米槐经济林，定植后 1～3 年内行间作低秆作物，或金银花等中药材。避免种植玉米等高秆作物。

（五）追肥

在米槐经济林展叶期和采米后各追肥 1 次，每次施磷钾肥 0.25 千克/株。秋季喷 0.3% 磷酸二氢钾为宜。

（六）松土除草

在米槐经济林生长发育期，要进行中耕除草 3～4 次，杂草可以覆盖穴面。特别是对干旱丘陵区栽植的米槐经济林尤为重要，既蓄水，又保墒，还可以肥沃土壤。

（七）浇水

秋冬季要浇封冻水，双季米槐第一季采米后要及时浇水一次。对米槐经济林而言，在采米前 7 天左右严禁浇水，防止落花落米。

（八）有害生物防治

有害生物防治方法详见表 6-1。

三、高接改造建园技术

（一）改造对象

对已营造的树龄在 3～10 年生的国槐生态林，或零星散生的连片国槐树，可以通过高接改造，将国槐生态林改造为米槐经济林，或米槐经济树。

（二）嫁接技术

1. 单头多穗高接

适用于成片国槐林改造为米槐经济林。对地茎以上 40～60 厘米处的直径为 5～12 厘米的国槐林，可以锯掉树头进行嫁接，每个头嫁接 2～4 个接穗。

2. 多头高接

对于散生的和房前屋后的国槐零星大树，可实行多头高接改造。即在主枝基部以上 15 厘米左右，枝的粗度 3～5 厘米处锯掉枝头，进行多头高接。

（三）高接改造技术

高接改造的时间可在春、夏季进行，不同季节应采用不同接法。春季在芽萌动到展叶期，3 月下旬至 5 月中旬，可采用枝接、插皮接或带木质部芽接。夏季 5～7 月，以带木质部芽接最佳。

1. 接穗准备

春季枝接可利用冬、春季修剪下的枝条贮藏做接穗。采取湿沙储藏，在储藏窖中用湿沙埋好，窖内温度以 1～5℃ 为宜。也可以选在高接改造国槐林地的背风向阳高处，挖储藏沟就地埋条，埋深要求在冻土层以下即可，也可将接穗剪成 50 厘米长的枝条，装入保鲜袋中，扎紧口，放在 1～5℃ 保鲜库中保存。保存在储藏沟中的接穗，春季要防接穗抽干、发霉。高接改造时，如果接穗抽干要剪去抽干部分，浸入水中一昼夜，让接穗充分吸水。为了防止接穗失水影响嫁接成活，枝接时，接穗可剪成 15 厘米长的节，将接穗蜡封，然后再嫁接，能够有效保存接穗的水分，提高嫁接成活率。

2. 改造对象

对已营造的树龄在 2～10 年生的退耕还林国槐林，可以通过高接改造成为米槐经济林。用此法高接改造建园的方式，主要目的是将退耕还林国槐造林地，通过高接换种改造为米槐经济林。因为树龄小、树势强，高接成活率好，树冠恢复快，产量高。可以获得理想的经济效益及早期收益，提高农民退耕还林和造林管护的积极性，

达到巩固退耕还林成果的目的。

3. 接穗处理

把采好的接穗放在准备高接改造的国槐林附近，选地势较高的背风处，挖储藏沟就地埋条，埋深在当地冻土层以下即可。春季高接时，将接穗取出，剪去失水抽干部分，在清水中浸泡一昼夜，取出晾干，截成 10~15 厘米长的穗条，蜡封后嫁接。

4. 高接技术

(1)单头高接。砧木树龄选择在 2~4 年生，根茎以上 3~4 厘米处的粗度 3~5 厘米，可以锯掉树头，进行单头嫁接，嫁接成活率高，嫁接口愈合快。

(2)多头高接。当砧木树龄较大，在 5 年生以上，且已经形成较为粗壮的主枝，可以实行多头高接改造。即在主枝基部以上 15 厘米左右，枝的粗度 3~5 厘米处锯掉枝头，进行多头高接改造。

(3)高接技术。高接时期可在春、夏、秋季进行，不同季节应采用不同接法。春季在芽萌动到展叶期(3 月下旬至 4 月中旬)，可采用枝接(插皮接)或带木质部芽接；夏(5~7 月)、秋季(8~9 月上旬)，以带木质部芽接最佳。秋季嫁接，可以不去砧木头，翌年春季萌芽期剪砧，促使接芽萌发。

5. 高接改造后管理

(1)解绑。春季枝接，当新梢长至 30 厘米时，解除绑绳、绑条。如果解绑过早，易使接穗周围皮层干缩、翘起影响成活。

(2)绑支棍。当新梢长到 30 厘米解绑时，应同时在接枝对面绑缚支棍，将新枝固定，以防风折，待新梢完全愈合好，再去掉支棍。

(3)除萌。高接改造后的国槐砧木，将会从砧木上萌生许多萌蘖，这些萌蘖消耗大量养分、水分，要及时除掉。但是，在某些空虚部位或接芽未成活处，要留下 1~2 个萌条，作为以后补接使用。

四、不同方法建园槐米产量

经过对比试验，米槐经济林植苗建园时，早期产量和效益高于高接改造建园。在盐湖区三路里镇沟东村麻地试验，品种为‘双季米槐1号(82号)’，植苗建园和高接改造时间均为2007年，结米开始期为2008年。2011年，植苗建园栽植株数990株/公顷，平均树高度3.7米，平均主干高度0.4米，平均冠幅3.5米，槐米产量2265千克/公顷，平均收益67950元/公顷。高接改造栽植株数1110株/公顷，平均树高度3.5米，平均主干高度0.4米，平均冠幅3.0米，槐米产量1725千克/公顷，平均收益51750元/公顷。两者相比植苗建园栽植与高接改造建园，槐米产量和收益均提高31.3%。

第五章 米槐经济林整形修剪技术

一、主要树形及特点

米槐经济林的培育，以结米早、产米量高为目的，树形培养尤为重要。培养哪种树形为主，主要要结合建园的密度和方式来考虑。植苗建园时，密度保留在740株/公顷以下。采用小冠疏层形，密度保留在1050株/公顷以上。若是嫁接改造米槐经济林建园，主要采用多主枝开心形。两者单位面积的槐米产量与对照树相比明显差异。见表5-1。

表5-1　不同树形槐米产量调查

品种：‘双季米槐1号(82号)’　立地：丘陵平地

树体形状	树龄（年）	栽植年度	树高（米）	干高（厘米）	树冠(米)			果枝量（个）	单果枝结实量（克）	单株产量（克）	产量（千克/公顷）
					东西	南北	平均				
CK(紊乱树形)	4	2008	3.5	40	3.1	2.9	3	45	10	450	445.5
疏散分层形	4	2008	3.1	40	2.8	2.8	2.8	60	15	900	885
多主枝开心状	4	2008	2.7	40	2.6	2.5	2.55	56	15	840	825

注：栽植株数990株/公顷。

(一)小冠疏层形

树体结构有明显的中央领导干，其上着生5~6个主枝，分为2~3层。第一层3个主枝，每个主枝上着生3个左右侧枝，层间距1米以上。第二层2个主枝，每个主枝上2个侧枝，层间距80厘米左右。第三层留1个主枝，无明显侧枝。主枝开张角度70°左右，总体树高4.5米左右。当树体高度达4.5~5米以上时，逐步落头，但高度不能超过行间距，以免影响光照和采光。

(二)多主枝开心形

没有明显的中央领导干，在干径以上分别着生3~5个主枝，且较为均匀地分布，主枝上着生3~4个侧枝。这类材形较好地处理好结果与生长的关系，树冠内外光照充分，结米枝多且生长较旺。

(三)修剪特点

1. 短截

对1年生枝要剪短，主要用于主侧延长枝，扩大树冠。

2. 刻芽

在芽的上方或下方2厘米处用刀刻伤，深达木质部，可起到防止枝条徒长的作用。

3. 拉枝

开张主枝角度，调整枝条方位，削弱其顶端优势，改善通风透光，营养结果面积增加，可有效提高槐米产量。

4. 疏枝

背上、竞争、病虫枝以及无用弱枝从基部剪掉，减少其对树体水分和养分的消耗。

二、修剪时间和方法

科技人员在实践中发现，米槐经济林生长速度比较快，较好地处理好结米与生长的关系，才能达到树冠内外光照充分，结米枝多且生长较旺。做到冬剪和春剪相结合，夏剪和秋剪相结合。

(一)第一年冬季修剪

如果是春季栽植的米槐经济林，到越冬季节，选择顶端优势较强的枝条做中央领导干。根据枝条强弱剪留50~70厘米，竞争枝一般疏去，在竞争枝下可选邻枝或近枝作为主枝，剪留50~70厘米，如果选不出第三个主枝，在下一年再选出。

(二)第二年夏季修剪

在第一年冬季修剪后，进入夏季修剪时。做到刻、拉、疏枝修

剪比较好。枝条剪留长度不宜过短，过长枝不剪，采用刻芽法控制。过弱枝不截，采用破顶控制。将树体高度控制在不大于行距，将冠幅控制在株间不重叠，尽量多留侧枝，扩大树体的主梢头枝量，相当于增加了结米单元，有利于稳定提高产槐米量。

（三）第二年冬季修剪

将中央领导干头顶处剪留 60~70 厘米。如果第一年 3 个主枝都选出，那么，第一年就不留主枝，将其上分枝均作为辅养枝。对于重叠枝，可酌情疏去其中 1 个。如果第一年只选出 2 个主枝，距第一主枝 50 厘米左右，构成第一层。3 个主枝间水平夹角 120°，各主枝剪留 60~70 厘米，剪口芽用外芽，对竞争枝一般少疏除，其余枝可压低角度，使其弱小于各主枝。

（四）第三年冬季修剪

将中央领导干和 3 个主枝头，分别选择在饱满芽处剪短。在中央领导干上，如果第一层层间距达到 100 厘米，可选第二层主枝。如果达不到 100 厘米，当年则不留主枝，其上分枝均作辅养枝，拥挤重叠者可疏除。在第一和第二层主枝上选一背斜侧枝，距基部 70 厘米左右，剪留 50~60 厘米，其余枝在不影响主、侧枝时，尽量多留，主枝开张角度 70°左右。

（五）第四至六年冬季修剪

在中央领导干上选强枝当头，并选出第二层主枝，插在基部 3 主枝的空档处修剪，同时在基部主枝上选 1~2 个侧枝进行修剪。到第六年骨干枝基本形成。

三、主要骨干枝的修剪与培养

（一）骨干枝短截

对中央领导干延长枝，留 50~60 厘米短截。主枝保留 50 厘米短截。修剪留长度不够时，在饱满芽处剪短。同时注意疏除竞争枝、卡脖枝等枝条。

（二）营养枝修剪

第一层周围留 1~2 个营养枝，第一、二层主枝之间的中央干上，留 4 个左右较大的营养枝。营养枝对主侧枝有较大影响，在幼树阶段，因枝量少，可疏去营养枝上的侧生大枝。以后宜采用回缩、疏除，改造为大枝组的方法培养利用营养枝。

（三）枝组培养

采取中度短截的方法培养枝组。对于大树上的弱细枝，冬剪时如遇枝条过密应疏除，有空间可不剪或只打头，一般不宜短截。

四、整形修剪技术

（一）刻芽

米槐成枝力较强。一般剪口下可发出 3~5 个枝条，对 1~3 年生米槐经济林的中央领导干，各主枝背侧处每隔 25 厘米左右，适当刻伤 1 个芽，对促进米槐花量，增加槐米结实枝量是必要的。

（二）短截

米槐经济林主要采用的修剪方法就是短截。对于 1~3 年生米槐经济林，骨干枝、中央领导干延长枝的长度，要保留在 60~70 厘米，3 年生以后保留 50~60 厘米短截。1~3 年生米槐经济林主枝的长度，要保留 50~60 厘米，3 年生以后保留 50 厘米。长度不够时，在饱满芽处剪短。第二层主枝选留在第一层主枝空档，以利透光，各主枝上侧枝按顺序排列。奇偶数各分两边，同时注意控制竞争枝、卡脖枝。做到中央领导干生长势强于主枝，高于主枝；主枝强于高于侧枝，树冠上下、左右、同层间、树冠内外生长势均衡。

（三）营养枝组

营养枝要伸向树冠外围空间大的地方，第一层主枝周围留 1~2 个营养枝，第一、二层主枝之间的中央领导干上，留 4 个左右较大的营养枝。如果营养枝对主侧枝有影响，在幼树阶段，因枝量少，可疏去营养枝上的侧生大枝。5~6 年之后，宜采用回缩、疏除，改造为大枝组的方法培养营养枝。

（四）结米枝组

通过短截的方法培养结米枝组，要求多而不密，分布合理。每

株树的枝组量，应下层多于上层，外围多于内膛，每个主枝应前后部小枝组多，中部大中枝组多，背上以中小枝组为主，两侧以大中枝组为主，弱细枝、病虫枝要及时处理。

（五）修剪季节

米槐经济林宜冬季修剪为主，夏季修剪为辅。夏季修剪一般采用刻芽、拉枝、疏枝等方法，不宜采用环割、环剥等果树管理措施。枝条剪留长度不宜过短，否则新梢过旺难以结槐米。过长枝不剪，可采用刻芽方法加以控制，过弱枝不截，可采用破顶法控制。

第六章 米槐经济林有害生物防治技术

米槐有害生物主要有国槐腐烂病、国槐带化病、槐蚜、槐尺蠖（吊死鬼）、锈色粒肩天牛等，应及时防治。

一、主要病害及防治技术

（一）国槐腐烂病（国槐溃疡病）

发病后，及时人工刮除病斑，刮后在伤口喷或涂抹腐康生皮宝、树乐、树腐灵等腐烂病专用药剂。

（二）国槐带化病

发现时应剪除病枝立即销毁（烧毁或深埋），或以1万~2万单位/毫升盐酸四环素药液，用树干注射机或兽用注射器，注入病株主干距地面10~20厘米处的髓心内，注入30~50毫升/株。

二、主要虫害及防治技术

（一）槐蚜

1. 前期

发生初期，可喷10%吡虫啉可湿性粉剂1000~1500倍液，或3.2%苦参碱氯氰菊酯800倍液，1.2%烟参碱1000倍液，10%烟碱乳油500~1000倍液。在槐米采摘期禁用。

2. 初期

发生初期到米槐卷叶前，用5%吡虫啉乳油7份，加水3份配成涂茎液，用毛刷将药液直接涂在主干一圈，宽度约6厘米。如树皮

粗糙，可先将翘皮刮除后再涂药，涂后用塑料布包裹绑扎。

3. 危害期

槐蚜危害期，在树干基部打45°的斜孔，深至木质部，打孔数量根据树干的粗度而定，再用注射器注入5%吡虫啉乳油，注射药量按树干胸径每厘米1毫升计算。

（二）槐尺蠖

1. 人工防治

落叶后至发芽前在树冠下及周围松土中挖蛹，消灭越冬蛹。

2. 化学防治

幼龄期可用20%灭幼脲三号1000倍液，或10%氯氰菊酯乳油1500倍液喷雾防治。但在槐米采摘期禁止使用。

3. 生物防治

在幼虫发生时使用1.8%阿维菌素乳油1500倍液，或100亿孢子/克的苏云金杆菌菌粉兑水稀释2000倍喷雾。

（三）锈色粒肩天牛

1. 人工防治

6月中旬至7月下旬，于夜间在树干上捕杀产卵雌虫。7~8月天牛产卵期，在树干上查找卵块，用铁器击破卵块。

2. 化学防治成虫、幼虫

6月中旬至7月中旬，成虫活动盛期，对国槐树干、大枝、树冠新梢等天牛成虫喜出没之处，喷洒绿色威雷触破式微胶囊水剂300倍液，天牛踩触时立即破裂，释放出的原药黏附于天牛足部并进入体内，达到杀死天牛的目的。或者在3~10月天牛幼虫活动期，清除树干蛀孔口堵塞物，将磷化铝片剂掰开塞入孔内，然后用泥土封口，可熏蒸杀死蛀道内的幼虫、成虫。见表6-1。

三、其他不良现象控制

（一）干尖现象

在槐米穗即将长出时，一般在5月上旬，枝条尖端往往出现3

厘米左右的干尖，发生此种现象之后，槐米穗就很难发育成熟。适宜采用割、剥、拉枝等措施增强树势，加以防治。

（二）预防和排除积水

在一些低洼地方，常常因暴雨或连阴雨形成积水。米槐经济林耐水性差，如果积水滞留1~2天后，毛细根会因积水时间较长缺氧窒息，树势减弱，影响槐米结实。

表6-1　米槐经济林主要有害生物综合防治措施

防治对象	习性与危害症状	防治方法
槐树腐烂病	侵染病菌不同会出现两种症状类型。由小穴壳菌属（*Dothiorella*）真菌引起的病斑初呈黄褐色，呈近圆形，后渐扩大呈椭圆形，病斑边缘呈紫红色或紫黑色，病斑可长达20厘米以上，并可环割树干。后期病部形成许多小黑点分生孢子器。并逐渐干枯下陷或开裂 由镰刀菌属（*Fusarium*）真菌引起的病斑初期呈浅黄褐色、近圆形、渐发展为梭形，长径1~2厘米。较大的病斑中央稍下陷，软腐，有酒糟味，呈典型的湿腐状。病斑可环割主干而使上部枝枯死，后期在病斑中央出现橘红色分生孢子堆。该病春季3月上旬至5月中旬为发病盛期，6月气温升高发病缓慢或不发展。病斑多发生在西南向冻伤、灼伤等处	1. 加强肥、水等养护管理，幼苗、幼树，起苗运输避免苗木受撞伤，根部不要暴露时间太长，及时浇水保墒，增强抗病能力。防止叶蝉（浮沉子）产卵，做好树体保护 2. 早春或深秋树干涂白（生石灰10千克+硫磺粉1千克+盐10克+水20~40千克制成涂白剂） 3. 结合槐树修剪，清除严重受害枝条，集中烧毁 4. 刮除病斑或病斑上扎小眼深划纵痕后，涂树腐灵、843康复剂、腐康生皮宝等杀菌药剂
国槐丛枝病	俗称带化病，类原质体引起。嫩枝尖端呈扁平带状，宽2~5厘米，长15~20厘米。有的卷曲向内再向上生长，形成一个大疙瘩，有的扭曲呈钩状生长，好像一把砍柴刀。病枝上伴有簇生枝用小叶，越冬脱落，第二年又在其上长出新的枝叶	1. 加强检疫，防止新栽苗木带入 2. 药物处理接穗。嫁接时用四环素药物对接穗进行消毒处理 3. 人工前除病枝。严重树及时拔除 4. 树干注射四环素药物

（续）

防治对象	习性与危害症状	防治方法
槐蚜	1 年发生多代，以成虫和若虫群集在枝条嫩梢、花序上，吸取汁液，被害嫩梢萎缩下垂，妨碍顶端生长，受害严重的花序不能开花，同时诱发煤污病。每年 3 月上中旬该虫开始大量繁殖，4 月产生有翅蚜，5 月初迁飞槐树上危害，5~6 月在槐树上危害最严重，6 月初迁飞至杂草丛中生活，8 月迁回槐树上危害一段时间后，以无翅胎生雌蚜在杂草的根际等处越冬，少量以卵越冬	1. 秋冬季及时清理落叶，枝干涂白，破坏越冬场所、消灭越冬卵 2. 蚜虫发生量大时，特别是第一代若蚜期，可喷 10%~20% 吡虫啉可湿 2000~4000 倍液、2. 5% 溴氰菊酯乳油 3000 倍液等。隔 7~10 天用药 1 次，根据防效可连喷 2~3 次
槐尺蠖	1 年发生 3 至 4 代，以蛹在树下土壤内越冬。第一代幼虫始见于 5 月上旬，各代幼虫危害盛期分别为 5 月下旬、7 月中旬及 8 月下旬至 9 月上旬。以蛹在树木周围松土中越冬，幼虫及成虫蚕食树木叶片，使叶片造成缺刻，严重时，整棵树叶片几乎全被吃光	1. 人工防治。结合施肥，在落叶后至发芽前在树冠下及周围刨树盘，人工挖蛹，消灭越冬蛹 2. 化学防治：5 月中旬及 6 月下旬重点做好第一、二代幼虫的防治工作，可用树冠喷洒 5% 高效氯氰菊酯乳油 3000 倍液或 1. 2% 苦烟乳油 1000 倍液、1. 8% 阿维菌素乳油 4000 倍防治 3. 灯光诱杀。成虫期发生期，在米槐栽植区布设黑光灯晚上开灯诱杀 4. 生物防治：在幼虫发生时使用 100 亿孢子/克的苏云金杆菌菌粉对水稀释 2000 倍喷雾
锈色粒肩天牛	2 年发生 1 代，主要以幼虫钻蛀危害，每年 3 月上旬幼虫开始活动，蛀孔处悬吊有天牛幼虫粪便及木屑，被天牛钻蛀的米槐树势衰弱，树叶发黄，枝条干枯，甚至整株死亡	1. 树干涂白。用生石灰 10 千克 + 硫磺粉 1 千克 + 盐 10 克 + 水 20~40 千克，制成涂白剂，涂刷树干预防天牛产卵 2. 人工捕杀成虫、击卵：6 月中旬至 7 月下旬于早晚在树干上捕杀产卵雌虫；7~8 月天牛产卵期，在树干上查找卵块，用铁器击破卵块 3. 化学防治。6 月中旬至 7 月中旬成虫活动盛期，对国槐树冠喷洒绿色威雷 200 倍或 2000 倍液杀灭菊酯，每 15 天 1 次，连续喷洒 2 次。每年 3~10 月为天牛幼虫活动期，可向蛀孔内注射 80% 敌敌畏，40% 氧化乐果或 50% 辛硫磷 5 至 10 倍液，然后用药剂拌成的毒泥巴封口，可毒杀幼虫

（续）

防治对象	习性与危害症状	防治方法
日本双棘长蠹	1年发生1代，以成虫在枝干韧皮部越冬。翌年3月中下旬开始取食危害，4月下旬成虫飞出交尾产，5~6月为幼虫危害期，6月上旬可始见成虫，10月下旬至11月初，成虫又转移到1~3厘米直径的新枝条上危害，常从枝杈表皮粗糙处蛀入做环形蛀道，然后在其虫道内越冬	1. 结合槐树修剪，清除严重受害枝条，集中烧毁 2. 成虫扬飞期6月树冠绿色威雷200倍液或菊酯

第七章

槐米采收、加工和贮藏技术

一、槐米采收

（一）采收时间

在栽培区应建造槐米晾晒场。在米槐花枝花蕾全部发出，且有个别花蕾的花瓣出现时，即可进行采收。采收过早，米粒瘪粒多，产量低，质量差。采收过晚，会直接影响到双季米槐第二季槐米的形成，造成减产和降低槐米质量。在采收期，为了保持槐米品质，一般宜在10:00前采收。采收的槐米应立即放在干净的场地晾晒干制，当天即可完成干制出售。即使没有干制，也不怕槐米褐变。如果是在10:00以后采收的槐米，应连枝带穗保持水分，不要摊晒，堆放在阴凉处，用塑料布盖上，待次日或第三日再摊晒。

（二）采收方法

为了保持槐米品质，采米时尽量轻采，把槐米穗从花枝基部剪下即可。

（三）采米技术

采米时尽量分次采收槐米穗，对树冠顶部或外围的槐米穗先采收。采收时仅把槐米穗从花枝基部剪下，不能剪得过重，否则会将所留母枝最旺的腋芽剪掉，直接影响第二季槐米花枝、花序的生成，造成减产和降低槐米的品质。

二、不同类型建园方法与产量

（一）不同立地类型与槐米产量

经过对稷山县丘陵区不同坡位生长的国槐林，高接改造成米槐经济林后的产量进行调查分析，在同一坡面上，同为旱地，在采用高接改造建园的方法、时间、管理措施等相同的情况下，坡上部的米槐经济林产量要高于坡中、下部。经检验，坡中、上部产量差异不显著，说明米槐优良品种保持了国槐的抗干旱特性。比如，研究人员调查了 3 户农户，对米槐经济林产量和效益进行了分析。

薛云刚，国槐砧木栽植时间 2004 年春季，栽植密度 1650 株/公顷，坡下部，高接改造时间 2006 年春季。2008 年、2009 年、2010 年和 2011 年槐米产量分别是 94. 5 千克/公顷、937. 5 千克/公顷、2344. 5 千克/公顷和 2812. 5 千克/公顷。产值分别是 1323 元/公顷、18750 元/公顷、75024 元/公顷和 101250 元/公顷。4 年总产值 179447 元/公顷，平均每年产值 44861. 8 元/公顷。

薛志鹏，国槐砧木栽植时间 2004 年春季，栽植密度 1650 株/公顷，坡中部，高接改造时间 2006 年春季。2009 年、2010 年和 2011 年槐米产量分别是 306 千克/公顷、765 千克/公顷和 1033. 5 千克/公顷；产值分别是 6120 元/公顷、24480 元/公顷和 37206 元/公顷。3 年总产值 67806 元/公顷，平均每年产值 22602 元/公顷。

李珍龙，国槐砧木栽植时间 2004 年春季，栽植密度 1650 株/公顷，坡上部，高接改造时间 2006 年春季。2008 年、2009 年、2010 年和 2011 年槐米产量分别是 75 千克/公顷、375 千克/公顷、750 千克/公顷和 1125 千克/公顷；产值分别是 1050 元/公顷、7500 元/公顷、24000 元/公顷和 40500 元/公顷。4 年总产值 73050 元/公顷，平均每年产值 18262. 5 元/公顷。

(二)不同建园方法与槐米产量

通过对植苗建园和高接改造建园两种建园方式下树体生长状况和产量做了调查比较，在相同的立地条件、相同的管理方式，但两种方法建园的树体生长状况和槐米产量有显著的差异。说明只要条件允许，在建设米槐经济林时，用植苗建园方式能够达到早米、丰产、丰收的目的。在平川地，水肥优越，植苗造林密度要小些，在前期间作的情况下，也能够获得早期丰产增收的效果。见表 7-1、表 7-2。

表 7-1　不同建园方法槐米产量调查

调查地点：沟东村麻地　无性系号：‘双季米槐 1 号(82 号)’　建园时间：2007 年

建园方式	建园时间	结实开始期	2011 年结实量（千克）	树高（米）	干高（米）	树冠(米)		
						东西	南北	平均
嫁接苗建园	2007 年	2008 年	2265	3.7	0.4	3.6	3.5	3.55
实生苗栽植后高接改造	2007 年栽植 2009 年高接改造	2010 年	1725	3.5	0.4	3	2.9	2.95

表 7-2　夏县南卫村水地米槐产量

序号	树高（米）	干径（厘米）	干高（米）	冠幅(米)		主枝（个）	分枝角度	生长势
				东西	南北			
1	2.5	7.5	0.6	2.9	3			
2	3	8	0.5	3.1	3.6	4	45	壮
3	3	8	0.5	2.9	3	3	30	
4	2.5	6	0.6	3	3	3	25	壮
5	2.5	6	0.4	2.4	2.6	3		壮
6	2.5	6	0.5	2.8	2.5	4		
7	3.1	6.5	0.5	2.8	2.8	3	15	
8	3.1	7	0.4	3.2	3.1	4	15	
9	3.2	7	0.5	2.8	3.2			
10	3.4	9	0.55	3.7	3.6	5	15	
11	2.5	6	0.3	2.1	2.2	4	15	壮
合计	31.2	77	5	31.7	29.6			
平均	2.8	7	0.5	2.9	2.7			

在生产中，研究人员调查了一户农户，该农户共有土地承包地 1 公顷，前茬种植苹果树，因腐烂病严重而更换米槐经济林。海拔 300 米，属平川农田水浇地，地下水位 1 米。2007 年栽植‘双季米槐 1 号(82 号)’优良品种，株行距 4 米 ×5 米，密度 495 株/公顷。栽植米槐后，1~2 年间种棉花，子棉总产量 3000 千克。第三年间种小麦，小麦产量 6000 千克，第四年小麦产量 5250 千克。第五年未间作，

每年间作施复合肥料 150 千克/公顷。按苹果树修剪方法进行修剪，对槐米产量进行了实际采收测定。第二年开始结米，槐米产量 150 千克/公顷，产值 1200 元；第三年槐米产量 450 千克/公顷，产值 24140 元；第四年槐米产量 1125 千克/公顷，产值 11250 元；第五年槐米产量 2250 千克/公顷，产值 49500 元。

2009 年，正值米槐优良品种中试期间，分别在运城市盐湖区、夏县和临汾市尧都区，建立了'双季米槐 1 号(82 号)'丰产示范园 3 个试验区。2011 年槐米产量分别为 2265 千克/公顷、4500 千克/公顷和 1500 千克/公顷。产值分别为 81540 元/公顷、162000 元/公顷和 54000 元/公顷。尧都区旱地槐米产值也达到了 54000 元/公顷，是相同立地条件下其他耕地种植小麦的 3 倍。见表 7-3。

表 7-3　'双季米槐 1 号(82 号)'在不同地区槐米产量及效益

中试栽培地区	树龄（年）	建园方式	立地条件	密度（株/公顷）	槐米产量（千克/公顷）	市场价格（元/千克）	总产值（元/公顷）
盐湖区	5	植苗	丘陵旱地	990	2265	36	81540
夏县	5	植苗	平川水地	165	4500	36	162000
尧都区	7	植苗	平川旱地	1245	1500	36	54000

(三)不同树形与槐米产量

经过科研人员多年的观测，米槐经济林之所以能够获得较高的槐米产量，主要是米槐的花枝数量大，花枝占总枝头的比例大。选出的米槐优良品种，花枝量占到总枝头数量的比例在 95% 以上，而普通国槐树，其花枝量占的比例仅仅是米槐优良品种的 50%。即使是同龄树，国槐的结米株率 70%，而米槐优良品种则达 100%。单枝花枝(花序)的大小，差异更为明显。米槐的花枝(花序)长度在 40 厘米，粗度在 20 厘米，而国槐的花枝很小，每枝的产米米粒数更少，这是米槐优良品种丰产丰收的重要基础。

因此，在培养以结槐米为主的米槐经济林树体类型，对槐米的产量是有十分重要的影响。研究中，对同龄米槐不同树形的产量进行了调查，发现在相同品种、树龄、立地条件的情况下，树形不同，

产量差异明显，且达到差异显著标准。所以，在米槐经济林的树形培养和修剪上，一般以小冠疏层形为主。见表7-4。

表7-4　米槐不同树体类型槐米产量调查

树体形状	树龄（年）	栽植年度（年）	树高（米）	干高（米）	树冠(米)			果枝量（个）	单果枝结实量（克）	单株产量（克）	产量（千克/公顷）
					东西	南北	平均				
CK(紊乱树形)	4	2008	3.5	40	3.1	2.9	3.0	45	10	450	148.5
疏散分层形	4	2008	3.1	40	2.8	2.8	2.8	60	15	900	885
多主枝开心形	4	2008	2.7	40	2.6	2.5	2.55	56	15	840	825

注：‘双季米槐1号(82号)’的第一季槐米产量，栽植株数990株/公顷。

三、槐米加工

(一)自然制干

采槐米时间，一般在清晨，要连同花枝一起剪下，收集起来，运到干净的晾晒场，人工摊开自然晾晒干制。如果是12点以后采集的，先堆放在阴凉处，保持水分，不要摊晒，次日再摊晒。

(二)人工烘干

有条件的地方可建造烘干房，进行槐米的人工烘烤制干。

(三)机械制干

利用专门制干的机械设备干制。可保证槐米的品质，提高有效成分的含量，从而提高槐米的销售价格，增加收入。

四、槐米包装、储藏与质量要求

(一)包装和储藏

干制好的槐米，清除杂物，去除秕粒，装入干燥、清洁、不影响品质的包装袋内封口，储藏于成品库中待销。成品库温度以5℃左右，含水率控制在8%~13%为宜，以满足市场对槐米品质的要求。

(二)品质要求

槐米的米粒大小均匀，千粒重在1.8克以上。槐米的色泽呈黄绿色，饱满，含水率在13%左右，有效物质芦丁含量在20%以上。

第八章 槐米药用价值及市场

一、槐米药用及保健作用

槐米是我国传统的大宗药材和食品保健及化工原料，具有广阔的开发利用前景。

槐米的药用价值极高。米槐槐米中芦丁含量高达20%左右，比国槐槐米芦丁含量高5%。还含有丰富的芸香苷、槲皮素、桦皮醇、槐二醇及槐花米素甲、乙、丙等。槐米具有降压、抗炎、抗溃疡、降血脂、抑病毒等多种作用。临床中常用于治疗高血压、冠心病、防治脑溢血、抗辐射、防冻伤及吐血、便血、痔疮、风热目赤等。长期以来，槐米作为医疗配方用药和中成药原料用量很大，仅运城市的亚宝集团每年就需1000多千克，而一般年份只能满足300~400千克。随着中草药进一步走向世界市场，槐米这个传统的出口药材将会有更广阔的市场空间。

槐米的价值不仅仅在药用方面，食品研究人员开始注意槐米具有丰富的营养价值。槐米含有19种氨基酸，总量达到14.21克/100克，其中人体中必需的氨基酸在槐米中全部含有，总含量高达4950毫克/100克。必需的氨基酸与主要水果相比，是苹果的66.9倍，橘子的32.1倍，葡萄的48.1倍。与保健珍品枸杞相比是其2.16倍。槐米中蛋白质含量高达19.03%，是保健佳品银杏的2.2倍。

基于槐米的药用价值和营养保健功能，槐米的食品加工正在引起人们的关注。一种纯天然的槐米澄清饮料已研制成功。槐米还可以提取丰富的食品色素，加工高级化妆品等。因为，槐米在药用方

面尚处于相对紧缺中，在食品保健和化工方面并没有得到很好的开发。如果在这些方面都能得到较好的开发利用，槐米的需求量将越来越大。随着市场对槐米需求量的增长，将会给米槐经济林的发展带来巨大的发展空间。

二、槐米黄酮含量

根据2014年山西省造林局、山西省林业科学研究院、河津市林业局林业站、运城市林业局林业站、万荣县汉薛镇海格尔农林种植公司等单位的科技人员，对河津市、稷山县、万荣县、盐湖区等地米槐种植户样地调查，对晾干的槐米样品进行测定表明，在所选的12个干样槐米中，单季槐总黄酮含量平均29.5%，双季槐总黄酮含量平均为21%，两者相差8.5%。其中1号样品河津市双季槐，米瘪不饱满，总黄酮含量16.2%。6号样品万荣县双季槐米大小均匀，总黄酮含量24.6%。

万荣县四方村海格尔种植基地双季槐干样品，总黄酮含量25.8%。施肥、浇水、修剪管理跟得上，槐米饱满、色质好，黄酮含量就高。2、3和4号样品河津市单季槐，米黄饱满，大小均匀，总黄酮含量32%、30.4%和30.6%。槐米穗大饱满、产量高，采收的槐米杂质少，瘪米少。

（一）试验材料

供试验的槐米样品001~008号，2014年7月23~24日，分别采自河津市津强植提公司种植基地、河津市柴家乡下牛村、稷山县稷峰镇上廉村、万荣县汉薛镇四方村、盐湖区沟东村5个地方，到当地种植户样地选择树体长势好、槐米饱满的槐穗采样。经过晒干、取米，挑选均匀的槐米作为测试样品。其中干样1~干样4是已晾晒好的干燥样品，分别由河津市津强植提公司种植基地、河津市下牛村、稷山县上廉村和万荣县海格尔公司提供。

（二）试验方法

有效成分总黄酮含量测定采用《中华人民共和国药典》2010年版

槐米项下总黄酮含量测定方法进行。采取索氏抽提方法将槐米中总黄酮提取完全，然后用分光光度法测定其中的总黄酮含量测定结果。见表 8-1。

表 8-1　总黄酮含量测定结果

样品号	地点	样地	树龄（年）	产量（千克）	品种	外观	总黄酮含量（%）
001	河津市	津强植提公司种植基地	4		双季 1 号	米扁、不饱满	16. 21
002	河津市柴家乡下牛村	高速水	3	0. 8～4	单季 8 号	米黄、中等大小	31. 96
003	河津市柴家乡下牛村	杜万管	6	2. 5～3. 5	单季 21 号	米黄、大	30. 43
004	河津市柴家乡下牛村	沟边	10	15	单季 21 号	饱满、大小均匀	30. 57
005	稷山县稷峰镇上廉村	薛云岗	5		双季 1 号	米绿、均匀	22. 17
006	万荣县汉薛镇四方村	海格尔公司	3		双季 1 号	米大小均匀	24. 56
007	盐湖区沟东村	雷茂端基地	6		双季 3 号	米大	23. 28
008	盐湖区沟东村	雷茂端基地	6		双季 1 号	米大	21. 77
干样 1	河津市	津强植提公司种植基地			双季 1 号	米大小均匀	21. 34
干样 2	河津市柴家乡	下牛村			单季 21 号	个别发黑	27. 08
干样 3	稷山县稷峰镇	上廉村			双季 1 号		22. 17
干样 4	万荣汉薛镇	四方村			双季 1 号	机械烘干	25. 76

（三）测定结果

以干样槐米中总黄酮含量做比较，单季槐总黄酮含量 27. 08%，双季槐总黄酮含量 21. 34%～25. 76%，总黄酮含量相差 1. 32%～

5.74%。雷茂端试验田，3 号比 1 号总黄酮含量略高。双季槐中，万荣县机械干燥样品中总黄酮含量最高。取样时树龄不一样，槐米饱满程度不同，样品 001~008 号结果只能代表这次取样中总黄酮的含量，不具有地区、品种的代表性。

（四）取样地点情况

河津市柴家乡下牛村单季槐，从当地 100 多个品种中选出优良品种，4 年生以后槐米成型，特点是枝短、槐米紧密、密度大，连年丰产，不分大小年。稷山县稷峰镇上廉村，共有双季槐 167 公顷，2006 年退耕还林开始种植，3 年树龄的双季槐有 100 公顷，2014 年雨水多，第一季槐米受蚜虫虫害，减产 2/3。河津市津强植提公司种植基地，拥有双季槐基地 33 公顷，调查中发现水浇地槐米产量低，旱地产量高，芦丁提取车间年生产能力 200 千克。万荣县汉薛镇四方村海格尔种植基地，有双季槐种植基地 107 公顷，品种好，管理跟得上，产量高。自行设计槐米烘干设备，并申请获得国家专利。槐米烘干时间短，从湿的槐米穗到干燥槐米只需要 46 分钟，颜色好，鲜绿色。雷茂端试验田，‘双季米槐 3 号’槐米紧凑、穗大饱满、产量高，第二年成熟快，推广范围广。‘双季米槐 1 号(82 号)’槐米较‘双季米槐 3 号’稀，第二年生长弱，季槐米产量低，推广范围小。

三、土壤因子与槐米黄酮含量

根据 2014 年山西省造林局、山西省林业科学研究院、河津市林业局林业站、运城市林业局林业站、万荣县汉薛镇海格尔农林种植公司等单位的科技人员，对河津市、稷山县、万荣县、盐湖区等地米槐种植户样地调查，经过对采集的槐米样本相对应的地块内，土壤氮、磷、钾有机质和 pH 值的测定分析可知，土壤有机质的含量与样本槐米黄酮的含量呈正相关。黄酮含量高的槐米样本，对应的土壤中有机质含量就高。比如，土壤中有机质含量为 1.28，槐米中黄酮含量为 20.7%。有机质含量 3.24，则黄酮含量 27.1%。调查结果表明，各个地块土壤施肥种类、施肥量、施肥时间和水分含量，对槐米黄酮含量密切相关。米槐经济林中要多施有机肥，特别是沤制好的鸡肥加腐殖质。在采收槐米前不浇水，采收后及时浇水施肥有利于提高槐米质量。

（一）土壤采集

在采集槐米样本相对应的地块内，挖垂直剖面，分别在 0～30 厘米、30～60 厘米、60 厘米以上 3 个层面取土。每块地挖去 2～3 个剖面。将土样带回实验室自然风干，用 1 厘米的筛子过筛进行测定。

（二）检测仪器

TPY-6A 土壤养分速测仪。

（三）检测方法

土壤养分速测仪中要求的方法。

（四）检测项目

土壤中氨态氮、速效磷、有效钾、有机质及土壤的 pH 值。

（五）数据分析

应用 SPSS 统计软件，以每块地的土样的氨态氮、速效磷、有效钾、有机质及土壤的 pH 值，与对应地块的槐米中总黄酮含量测定的结果建立富硒数据库，富硒土壤养分与槐米黄酮含量间的相关性。

（六）土壤养分检测结果

土壤因子与槐米黄酮含量相关性分析结果。见表 8-2、表 8-3、表 8-4。

表 8-2　土壤因子与槐米黄酮含量测定

采样时间：2014 年 7 月 23～24 日

采集地点	海拔（米）	氮（毫克/千克）	磷（毫克/千克）	钾（毫克/千克）	pH	有机质（克/千克）	黄酮含量（%）（自采样）	黄酮含量（%）（槐米干样）
河津市津强植提公司种植基地	408	12.33	62.91	57.33	7.81	1.62	16.21	21.34
河津市柴家乡下牛村	405	9.67	29.40	35.00	7.88	3.24	31.96	27.08
	405	7.80	35.40	52.67	7.79	2.44	30.43	

（续）

采集地点	海拔（米）	氮（毫克/千克）	磷（毫克/千克）	钾（毫克/千克）	pH	有机质（克/千克）	黄酮含量（%）（自采样）	黄酮含量（%）（槐米干样）
稷山县稷峰镇上廉村	420	13.13	45.77	58.00	7.56	1.28	22.17	20.65
万荣县汉薛镇四方村	700	20.67	11.87	86.00	7.35	2.10	24.96	25.76
盐湖区沟东村	791	12.23	14.80	156.14	7.54	2.09	23.28	

表 8-3　土壤因子与槐米黄酮含量相关性分析

指标	海拔	氨态氮	速效磷	有效钾	pH	有机质	槐米黄酮
海拔 pearson correlation sig.（2-tailed）	1.000	0.572 0.236	-0.781 0.067	0.913 0.011	-0.754 0.083	-0.063 0.906	-0.124 0.815
有效氮 pearson correlation sig.（2-tailed）	0.572 0.236	1.000	-0.391 0.443	0.292 0.575	-0.849 0.033	-0.352 0.494	-0.356 0.489
有效磷 pearson correlation sig.（2-tailed）	0.781 0.067		1.000	-0.566 0.242	0.584 0.223	-0.428 0.398	-0.502 0.310
速效钾 pearson correlation sig.（2-tailed）	0.913 0.011		-0.566 0.242	1.000	-0.584 0.224	-0.213 0.685	-0.270 0.605
PH pearson correlation sig.（2-tailed）	0.754 0.083		0.584 0.223	-0.584 0.224	1.000	0.442 0.380	0.241 0.646
有机质 pearson correlation sig.（2-tailed）	0.063 0.906		-0.428 0.398	-0.213 0.685	0.442 0.380	1.000	0.835 0.039
黄酮 pearson correlation sig.（2-tailed）	0.124 0.815		-0.502 0.310	-0.270 0.605	0.241 0.646	0.835 0.039	1.000

自采槐米中总黄酮含量与土壤环境因子的简单相关性分析表明，土壤有机质存在显著的正相关。

表 8-4　土壤因子与槐米(干样)黄酮含量相关性分析

指标	海拔	氨态氮	速效磷	有效钾	pH	有机质	槐米黄酮
海拔	1.000	0.937	-0.811	0.940	-0.862	-0.003	0.399
pearson correlation		0.063	0.189	0.060	0.138	0.997	0.601
sig. (2-tailed)							
有效氮	0.937	1.000	-0.594	0.999	-0.923	-0.353	0.530
pearson correlation	0.630		0.406	0.001	0.077	0.647	0.947
sig. (2-tailed)							
有效磷	-0.811	-0.594	1.000	-0.586	0.675	-0.446	-0.752
pearson correlation	0.189	0.406		0.414	0.325	0.554	0.248
sig. (2-tailed)							
速效钾	0.940	0.999	-0.586	1.000	-0.903	-0.337	0.066
pearson correlation	0.060	0.001	0.414		0.097	0.663	0.934
sig. (2-tailed)							
PH	-0.862	-0.923	0.675	-0.903	1.000	0.358	-0.036
pearson correlation	0.138	0.077	0.325	0.097		0.642	0.964
sig. (2-tailed)							
有机质	-0.003	-0.353	-0.446	-0.337	0.358	1.000	0.914
pearson correlation	0.997	0.647	0.554	0.663	0.642		0.085
sig. (2-tailed)							
黄酮	0.399	0.530	-0.752	0.066	-0.036	0.914	1.000
pearson correlation	0.601	0.947	0.248	0.934	0.964	0.085	
sig. (2-tailed)							

注：本次采样过程中，由于运城市范围刚下过雨，水分检测不具代表性，故没有将水分因子列入。槐米干样中总黄酮含量与土壤环境因子的简单相关性分析表明，土壤因子与总黄酮含量间均无显著相关性。

调查地均在农耕地或退耕地，海拔 400~800 米之间，土壤中的 pH 值在 7.35~7.88 之间，有机质含量在 1.28%~3.24% 之间。槐米种植基地土壤养分的共性为，氨态氮含量最低(万荣县四方村除外)，有效钾的含量最高(河津市津强基地除外)。河津市津强基地，土壤之中的速效磷的含量远高于其他测试基地，在该地自采槐米黄酮含

量也较其他基地低，干样黄酮含量处于第二低，速效钾与黄酮含量相关性有待于进一步研究。

干扰因素：各个试验基地施肥种类、施肥量、施肥时间、水分含量。

四、槐米市场

根据2014年8月山西省林业厅产业处、山西省林业厅科技处、山西省造林局等单位，组织有关科技人员调查分析，槐米主要生产于河北省、山东省、河南省、安徽省、山西省和广西壮族自治区等10多个省份。成规模生产的主要是山西省、广西壮族自治区和山东省等。米槐优良品种的研究、开发、利用，从2007年开始，在运城市盐湖区、稷山县、夏县和临汾市尧都区等地，建立圃地嫁接繁育良种苗木100多万株，营造米槐丰产园1333公顷，高接改造国槐低效林(退耕还林地)3333公顷，每年创产值1.5亿元。运城市盐湖区三路里镇沟东村，属米槐优良品种选育繁育基地，也是米槐发展最早的村，到2011年年底，栽植建园40公顷，嫁接改造退耕还林国槐林113公顷，2011年人均槐米销售收入达到5000元。三路里镇1株12年生国槐，2009年采取多头高接嫁接改造为'双季米槐1号(82号)'，2011年槐米产量20千克/株，售价30元/千克，收入600元。在稷山县上廉村，2003年以后退耕还林营造的93公顷国槐林，经过嫁接改造为米槐经济林后，5年内槐米产量33.6万千克，收入826万元，受益的农民把米槐经济林看作摇钱树，利用冬季农闲季节购置鸡粪给米槐园施基肥，进行冬季修剪。经过多年的区域试验观测、推广应用事实证明，选育的米槐优良品种完全可以作为我国干旱丘陵区优良经济林树种，大力发展。特别在缺少地下矿产资源的晋南干旱丘陵农业区，可以作为一项经济林产业开发，对促进农民增收、农村富裕、脱贫致富、农业发展具有十分重大的意义。

参考文献

山西省林业厅产业处，山西省林业厅科技处，山西省造林局，等. 2014. 米槐市场调查报告.

山西省运城市林业局，山西省林业技术推广总站，盐湖区林业局，等. 2012. 米槐优良单系选育及丰产栽培配套技术研究报告.

山西省造林局，山西省林业科学研究院，河津市林业局林业站，等. 2014. 河津市，稷山县，万荣县，盐湖区等地米槐种植户样地调查报告.

翟庆云，任满田，刘富堂，等. 2016. 米槐栽培技术规程. 山西省质量技术监督局发布.

附录　米槐经济林栽培年周期管理工作历

月份	物候期	主要技术操作要点	技术内容
11 月至翌年 3 月	落叶休眠期	1. 树干涂白。涂白剂以生石灰 10 份，硫磺 1 份，水 40 份，加少许食盐增加渗透力； 2. 发芽前喷打 1~2 次 3~5 倍石硫合剂，气温应在 4℃以上，用毛刷等人工清除介壳虫体； 3. 整形修剪。疏除过密枝、病虫枝、干枯枝，内膛枝细弱枝，徒长枝。回缩结米枝，回缩至 15~25 厘米处，弱枝苗短强枝苗长。对结果部位外移严重，枝条交叉，树体衰老的树，重回缩骨干枝 2/3 左右	1. 树干涂白、喷打石硫合剂； 2. 整形修剪
4~7 月	发芽抽枝至第一茬槐米收获	1. 4 月初喷打杀扑磷防治介壳虫； 2. 4 月下旬喷打甲基托布津或多菌灵防治腐烂病；在树干基部 30 厘米处打孔，注乙酰甲胺磷原液，注入后用泥封口，防治双棘长蠹； 3. 5 月中旬至 7 月底喷打吡虫啉、啶虫咪、阿维菌素、杀扑磷等，3~4 次防治蚜虫、介壳虫、槐尺蠖 、双棘长蠹等； 4. 喷打农药时，加入叶面肥、磷酸二氢钾等； 5. 及时抹除不需要的萌芽和幼枝； 6. 7 月上旬槐米花开 5%~10% 时及时采收，尽量缩短采收时间	1. 喷打有机农药； 2. 叶面施肥； 3. 抹芽； 4. 采收槐米
8~11 月	第一茬槐米收获后至第二茬槐米采收落叶期	1. 第一茬槐米采收后，施复合肥 750~1125 公斤/公顷，及时浇水； 2. 适时防治病虫害； 3. 10 月上旬槐花开 5%~10% 时可陆续采收； 4. 10 月上旬第二茬槐米收获后，施有机肥 7500 公斤/公顷，氮磷钾复合肥 50 公斤/公顷，浇足水	1. 追施有机肥； 2. 喷打有机农药； 3. 采收槐米后时及浇水

3年生‘单季米槐21号’示范园

3年生‘双季米槐1号’示范园

4年生‘单季米槐8号’示范园

退耕还林（国槐改造）米槐经济林

村旁米槐经济树

路旁米槐经济树

‘双季米槐 1 号’果穗形状

5年生‘单季米槐21号’硕果累累